Dickwerden und Schlankbleiben

Verhütung und Behandlung von Fettleibigkeit und Fettsucht

Von

Dr. W. Schweisheimer

Zweite, unveränderte Auflage

Mit 14 Abbildungen im Text

München ◇ Verlag von J. F. Bergmann ◇ 1926

ISBN-13: 978-3-642-90388-5 e-ISBN-13: 978-3-642-92245-9
DOI: 10.1007/ 978-3-642-92245-9

Die Abbildungen 3—7 sind dem Buch von L. R. Müller „Über die Altersschätzung bei Menschen" (Berlin, Springer), Abb. 10 dem „Kosmos" (Stuttgart, Franckh), Abb. 11—13 dem Buch von Holländer „Wunder, Wundergeburt und Wundergestalt" (Stuttgart, F. Encke) entnommen.

Vorwort zur ersten Auflage.

Die meisten Lebenslinien führen zu dem Punkt, wo der Körperumfang zunimmt und wo ein Überschuß dieses Geschehens vermieden werden soll. Die Umstellung der Lebensweise in die richtige Bahn bewahrt auch vor anderen Schäden. Der Arzt ist auf die Mitarbeit des Schlankheitssuchers angewiesen. Die Kenntnis gewisser physiologischer Grundlagen ist dabei Voraussetzung. Der Patient muß sich vielfach selbst helfen. Aufgabe des Arztes ist es, ihn dabei — soweit das möglich ist — auf eigene Füße zu stellen. Es werden in diesem Buch Ursache, Wesen, Verhütung und Behandlung von Dickwerden, Fettleibigkeit und Fettsucht aufgezeigt. Das erreichte Verständnis soll Mittler zur Führung auf den richtigen Weg bilden.

Es ist jetzt modern, schlank zu sein. Das kann sich wieder ändern. So harmlos wird kein Arzt sein, zu glauben, ein dauernder Erfolg im Kampf gegen die Mode sei möglich. Die Urgründe der Mode wurzeln in allem Möglichen, aber nicht im Gesundheitlichen; von da kann sie daher auch nicht angegangen werden.

Wohl aber ist es dem Arzt möglich, eine Mode, die meist auch etwas gesundheitlich Erfreuliches birgt, für seine Gesundheitsbestrebungen zu benützen, das Beste herauszuschlagen, auf vermeidbare und entbehrliche Auswüchse hinzuweisen und auch im Extravaganten den brauchbaren Kern zu finden und zu verstärken. Die Mode des Schlankseinwollens birgt viel gesundheitlich Begrüßenswertes. Mit Kompromissen läßt sich viel erreichen. Beharren auf einseitigem Standpunkt, auf prinzipieller Ablehnung verschüttet von vornherein auch einen gangbaren Weg. So ist es ein ausgesprochen modernes und aktuelles Problem, das hier behandelt wird.

Mai 1925.

Vorwort zur zweiten Auflage.

In wenigen Wochen war die erste Auflage des Buches vergriffen, ein Zeichen, daß es sich hier in der Tat um ein zeitgemäßes Problem handelt. Die törichte Mode, die aus Frauen Knabenfiguren machen möchte, ist im Abklingen begriffen. Aber die Tendenz, innerhalb des natürlichen Rahmens schlank bleiben zu wollen, wird immer allgemeiner und wird hoffentlich als dauernder Bestandteil in eine gesunde Lebensführung übergehen.

Oktober 1925.

Inhaltsverzeichnis.

1. Einleitung.

„Ich werde zu dick, Herr Doktor!"

Das Menschengeschlecht ist nie zufrieden. Das ist keine neue Weisheit. Sie hat aber eine augenscheinliche Bestätigung erfahren durch das größte — unfreiwillige — Massenexperiment in Ernährungsfragen, das die letzten Jahrhunderte mit sich brachten; den Krieg 1914/18. Die Hungerjahre des Krieges und der Nachkriegszeit hatten das Gesamtgewicht der Bewohner Europas beträchtlich vermindert. Endlich trat wieder eine vernünftige Tätigkeit an die Stelle absichtlicher Zerstörung und willentlicher Fortschrittshemmung. Neue Werte wurden geschaffen, Sorge für hinreichende Ernährung getragen, und als erster Ruf ertönte aus Tausenden von Mündern, die sich kaum wieder an richtige Sättigung gewöhnt hatten, ein schreckensbleiches: „Ich werde zu dick, Herr Doktor!"

Nun mag es sein, daß die Gewichtszunahme bei den lange am unteren Rand der Erhaltungsmöglichkeit gestandenen Menschen mit dem Einsetzen rationeller, ausreichender Ernährung zunächst ein wenig über das Ziel hinausschoß. Man braucht dabei noch gar nicht an eine Umstellung der Gewebe zu denken, an verminderten Spannungszustand oder etwas Ähnliches, wodurch erhöhte Einlagerung von Fett begünstigt worden wäre. Vermutlich hängt das zum Teil wirklich auffallende Dickwerden bei vielen Menschen im erstmöglichen Augenblick mit ganz einfachen und selbstverständlichen Ernährungsgewohnheiten zusammen. In Deutschland beispielsweise wurde eine durchschnittlich entsprechende Ernährung erst kurz nach der Stabilisierung der Währung wieder möglich. Ihre Wirkung kam ungefähr von der Mitte des Jahres 1924 an zur Geltung: die Mehrzahl der vorher abgezehrten und eingefallenen Gesichter gewann wieder ein normales Aussehen. Es gelang indes nicht so rasch, die im Laufe der Hungerjahre eingeführten Ernährungssitten auf das übliche Maß zurückzubiegen. Eine Familie hatte sich etwa angewöhnt (angewöhnen müssen), als Hauptgrundlage ihrer Ernährung die Zufuhr von Kartoffeln zu betrachten. Um den notwendigen Kalorienbedarf zu decken, mußten dabei ganz außerordentliche Mengen von Kartoffeln, einem kalorisch wenig ausgiebigen Nahrungsmittel, zugeführt werden. Sie waren nur wenig mit Fett versetzt, da dieses an Spannkräften reiche Nahrungsmittel infolge Mangel und Überteuerung schwer aufzutreiben war.

Es wäre ein vergebliches Bemühen, einem Menschen, der eine rasende Inflationszeit mit ihren Ernährungsschwierigkeiten auch für den materiell besser Gestellten nicht selbst miterlebt hat, ihre Nöte schildern und begreiflich machen zu wollen. Für ein an logisches Denken und reguläre Mathematik gewöhntes Gehirn ist eine solche Zeit unvorstellbar. Mit dem Aufhören der Inflationszeit, mit der Schaffung einer stabilen Währung, war jedenfalls der einzige Weg gegeben, der großen Masse wieder die erforderliche Mindestmenge Fett in ihre Ernährung zu geben. Fett büßte im gleichen Moment seine Stellung als unerschwinglich überteuertes Lebensmittel ein, und ordnete sich, wenn auch nicht völlig, seiner gebräuchlichen Stelle in der Kostentabelle der Lebensbedürfnisse ein. Die Menschen lernten das aber nicht sofort verstehen. Sie konnten das Fett zunächst nicht als den hochwertigen Energiespender, der es ist, verwerten. Es wurden — in unserem Beispiel — nach wie vor die gleichen Mengen Kartoffeln genossen wie während der fettarmen Zeit. Gewohnheit und das Bedürfnis des Magens, der erst bei starkem Füllungsgrad das Gefühl der Sättigung verschaffte, trieben dazu.

Es war aber ein grundsätzlicher Unterschied vorhanden. Während vorher die Kartoffelmenge äußerst wenig Fett enthielt und daher wenig „nahrhaft" war, das will sagen: wenig kalorienliefernd und energienbildend, war die gleiche Kartoffelmenge jetzt mit reichlichem und gutverdaulichem Fett versetzt. So wurden dem Körper in großem Ausmaße überflüssige Nährstoffe zugeführt, über seinen wirklichen Bedarf hinaus. Anfänglich war das subjektiv willkommen und objektiv wünschenswert und notwendig. Denn nur durch eine beträchtliche Überzufuhr an Nährstoffen konnten die im Lauf der Hungerjahre gänzlich geschwundenen, lebenswichtigen Fettdepots im Innern des Körpers, in und zwischen den einzelnen Organen, wie das große Fettdepot unter der Haut wieder gefüllt werden. Nach ihrer Füllung machte sich weitere Überzufuhr an Nahrungsstoffen als Dickwerden geltend. Beschwerden ästhetischer und auch gesundheitlicher Art blieben nicht aus. Sie zwangen dazu, soweit nicht bereits innere Triebfedern wie Appetit, Hunger usw. eine Regelung der Nahrungszufuhr inzwischen schon selbstätig herbeigeführt hatten, die Ernährung des Alltags einer Nachprüfung und einer Korrektur zu unterwerfen. Auf dem einen oder anderen Wege gelangte man jedenfalls dazu, die mit dem reichlichen Fettgehalt weitaus zu große Kartoffelmenge zu vermindern und auf das entsprechende Maß festzulegen. Damit war der Fehler in der Ernährung beseitigt, dem übermäßigen Dickwerden die Grundlage wieder entzogen.

Es ist das nur ein einzelnes Beispiel für die zahlreichen Umstellungen, die mit Rückkehr normalerer Lebensbedingungen nach Hungerjahren notwendig wurden. Die Ernährungsgewohnheiten, die sich eingebürgert hatten, waren nicht als falsch zu bezeichnen: denn sie waren das Ergebnis einer notwendigen Anpassung an unabänderliche äußere Verhältnisse und als solches ob ihrer Zweckmäßigkeit zu bewundern. Mit der Wiederkehr regelrechter Zustände in der Ernährung schwand aber ihre Zweckmäßigkeit. Damit mußten sie fallen. Sie schwanden freilich zuweilen langsamer als es den Bedürfnissen des Körpers angemessen war. Es mag das damit zusammenhängen, daß der durch schlimme Erfahrung gewitzigte Körper erst nach Erlangung eines wirklich ausreichenden Ersatzes und starker

Reservebildung der verlorengegangenen Gewebe seine inneren Triebe zum Abbau der bisher geeigneten Methoden veranlaßte. Das plötzliche starke Dickwerden hing noch mit einem anderen Grunde zusammen. Nach dem 30. Lebensjahr neigt der Körper zum Fettansatz. Zehn Jahre sind eine lange Zeit, und zwischen 1914 und 1924 waren viele mindestens zehn Jahre älter geworden, die sich dessen nicht recht bewußt wurden. Fortgeschrittenere Jahre mit ihrer im allgemeinen geringeren körperlichen Beweglichkeit erfordern eine andere Ernährungsweise. Wer mit der Möglichkeit, sich wieder richtig ernähren zu können, zu seinen Ernährungsgewohnheiten von vor zehn Jahren zurückkehren wollte, mußte voll Enttäuschung gewahr werden, daß das nur unter Zunahme seines Körpergewichtes über das ihm genehme Maß hinaus geschehen konnte. Eine sonst im Lauf der Jahre allmählich sich ausbildende Erkenntnis mußte nunmehr rasch und ohne Übergang gewonnen werden.

Es war interessant zu beobachten, wie bei vielen Menschen in den Hungerländern des Krieges die verzweifelte jahrelange Sorge um genügende Kalorienzufuhr in der Ernährung nach Festigung der Währung dem Bemühen Platz machte, die überschüssige Kalorienzufuhr auf das rechte Maß herabzudrücken. Es wurde in der Tat eine Lebenssorge von einer anderen, kaum weniger wichtig genommenen Gesundheitssorge abgelöst. Einem Außenstehenden mag eine solche Gleichsetzung zweier objektiv ungleichwertiger Sorgen als unberechtigt erscheinen, vielleicht sogar eines komischen Beigeschmackes nicht entbehren. Der Arzt, der unvoreingenommen die beiden Stadien und ihre Verbindungsbrücke selbst miterlebt hat, wird nichts Komisches darin erblicken können. Die Sorgen, von denen sich Menschen quälen lassen, sind in ihrer objektiven Grundlage niemals gleichwertig oder nur vergleichbar. Entscheidend ist immer die subjektive Wirkung. Kleine Ursachen können große Folgen zeitigen. Scheinbar unbedeutende Bedrängnisse können starke seelische und nervöse, damit allein schon gesundheitliche, Beschwerden im Gefolge haben. Immerhin konnte sich auch der Arzt beglückwünschen, als die Sorgen seiner Patienten um die nackte Lebensfristung von der Sorge um das Schlankbleiben abgelöst wurden. In volksgesundheitlicher Beziehung mußte er hierin einen entscheidenden Schritt zur Besserung erblicken.

In ausgedehnten Kreisen konnte ein deutlicher Zusammenhang zwischen der Besorgnis vor dem Dickerwerden und Strömungen der Mode festgestellt werden. Damit ist nichts Neues erschienen. Es kehrt hier nur wieder, was immer und in stetem Wechsel von Zeiten zu Zeiten auftrat und weiterhin geschehen wird. Ohne Rücksicht auf gesundheitliche Fördernisse oder Nachteile hat die Mode breithüftige, schmalbusige, robuste, ätherische, stilisierte Gestalten geschaffen und wieder verschwinden lassen. Es hieße das Wesen der Mode arg und von Grund auf verkennen, wollte man irgendwie und irgendwann Zusammenhänge mit hygienischen Zweckmäßigkeiten konstruieren.

Diese Bewußtheit schließt nicht aus, daß der Arzt in neuerer Zeit gar nicht selten Gelegenheit hat, die Mode als einen Bundesgenossen gesundheitlicher Bestrebungen zu betrachten. Es ließen sich dafür verschiedene Beispiele anführen. Es steckt gewiß keine Absicht dahinter, sondern blinder Zufall ist es, der hier leitet. Der Arzt nimmt aber, was er findet, um dem von ihm als recht und notwendig Erkannten Geltung zu verschaffen. Der Zweck entheiligt auch hier kein Mittel. Die Mode des Schlankbleibenwollens, soweit sie nicht in Übermaß und Lächerlichkeit ausartet, bringt gesundheitliche Vorteile mit sich (Abb. 1). Sie kommt wie manches durchaus Vernünftige und Nachahmenswerte aus Amerika und England, also aus Ländern, wo eine sportdurchsetzte, gesundheitsbedachte Lebensweise auffallend viele schlanke sehnige Gestalten geschaffen hat. Das Gute der amerikanischen Lebensweise in seinen Grundsätzen bei uns zur Durchführung zu bringen, ohne die — auch in Amerika zum Teil wohl erkannten — Nachteile mit zu übernehmen, ist ein höchst wünschenswertes Ziel. Soweit die Mode der Amerikaverehrung dazu hilft, soll sie höchst willkommen sein.

Abb. 1. 40 Pfund! Karrikatur aus der „Vogue" auf die moderne Abmagerungsmode.

Der Mensch, der zum Arzt kommt: „ich werde zu dick, Herr Doktor!", wird dabei zum Teil über sich selbst lächeln, zum Teil seinen Schritt gewissermaßen entschuldigen. Denn er weiß, es handelte sich hier um keine Krankheit, die rasches ärztliches Eingreifen erforderte. Trotzdem ist eines sicher: er will Hilfe haben. Sie muß ihm unbedingt auch in sachgemäßer Form gegeben werden. Es handelt sich nicht, wie man von ärztlicher Seite zuweilen geringschätzig äußern hört, um eine rein „ästhetische" Frage, für die der Arzt nicht zuständig sei, sondern in Wirklichkeit um ein wichtiges gesundheitliches Problem. Verhütung von Schlimmerem ist durch verständigen Rat möglich. Verhütung von Krankheiten gilt mit Recht aber immer mehr als die wichtigste Aufgabe des Arztes, der nicht nur auf das Nächste blickt, sondern die große Lebenslinie des Menschen, der sich ihm anvertraut, ins Auge faßt.

Die Behandlung muß freilich vom ersten Augenblick an richtig angepackt werden. Es ist geradezu lächerlich, bei einem Menschen, der langsam dicker wird („stärker" wird), von „Fettleibigkeit" zu sprechen. Eine so schwere und schwerfällige Sprache ist die deutsche Sprache doch nicht, daß man ein kleines Kind mit dem Namen eines glotzäugigen Riesen bezeichnen müßte. Durch so gewichtige Worte wird ein Gespenst heraufgezaubert, das in Wirklichkeit nicht vorhanden ist.

In derartigen Fällen ein Wort wie Fettleibigkeit oder gar Fettsucht überhaupt in den Mund zu nehmen, zeugt von geringem Eindringen in den Seelenzustand des hilfesuchenden Menschen. In der Mehrzahl der Fälle ist es kein Leiden, dicker zu werden, sondern eine Unbequemlichkeit. Nicht gesundheitliche Gründe führen zum Arzt, sondern, wie erwähnt, oft ästhetische Eitelkeit, wenn man will. Obwohl es nicht richtig ist, hier ein Wort zu gebrauchen, dem ein leicht tadelnder Sinn anhängt. Für den Arzt bedeutet Eitelkeit seiner Patienten jedenfalls einen Seelenführer, der zu beachten ist. Eitelkeit wird oft zum schweren Hemmnis der Gesundheit. In anderen Fällen weist sie aber frühzeitig den Weg zur Gesundheitsbewahrung.

Wenn jemand kommt und sagt: es juckt mich immer an der Stirne, so ist es unzweckmäßig, ihn mit einem Knüppel auf die juckende Stelle zu schlagen. Er wird dadurch in seinem Vertrauen wankend werden.

Wenn jemand dem Arzt klagt: ich werde zu dick, Herr Doktor!, so ist es nicht richtig, die Stirn in ernste Falten zu legen und zu sagen: Fettleibigkeit. Ja, ein richtiges Urteil wird solches Verhalten als lächerlich bezeichnen müssen. Man schlägt einen harmlosen Menschen nicht so brüsk vor die Stirn. Es kann ein solch starker seelischer Schock die Folge sein, daß der Mann vor Sorge, Gram und Kümmernis plötzlich 10 Pfund an Gewicht verliert.

Bei einem Menschen, der auf natürlichem Wege dicker wird, wird man von Dickwerden sprechen. Stärkere Grade dieses Zustandes, bei denen eine stark wahrnehmbare und störende Leibesfülle auftritt, wird man als Fettleibigkeit bezeichnen. Das Wort Fettsucht wird man am besten für jene Fälle bewahren, in denen nicht ein äußeres Mißverhältnis zwischen Nahrungszufuhr und Stoffverbrauch maßgebend für die Gewichts- und Gewebezunahme ist, sondern eine innere Störung oder Verschiebung im Ablauf der Stoffwechselvorgänge zugrunde liegt.

Man soll fröhlich sein mit den Fröhlichen. Und darf nicht einem Menschen, der eine glatte Wahrheit erfahren will, einen künstlich aufgeplusterten Popanz vorweisen. Ein Mensch, der sagt: ich werde dicker, ich werde zu dick, denkt gar nicht daran, krank zu sein. Er ist es auch nicht. Es geht ihm vielleicht äußerlich zu gut. Er hat sich vielleicht ungeeignete Lebensgewohnheiten zugelegt. Man muß nicht von Krankheit reden, wo Gesundheit vorhanden ist.

Allerdings: es muß das Richtige geschehen! Es muß gegen das fortschreitende Dickwerden etwas unternommen werden!

Fettleibigkeit — welch pompöses, weitausholendes, anmaßendes Wort für ein harmloses Dickwerden! Es erweckt unerwünschte Gedankenassoziationen. Der Patient hat sich selbst nur mühsam überredet, wegen einer ihm lästigen, aber nicht wichtigen Erscheinung sachverständigen Rat einzuholen. Jetzt springt ihm, dem Ahnungslosen, ein derartiges Wort ins

Gesicht. Sofort stellen sich bestimmte Vorstellungen ein: der in seinem eigenen Fett und Fleisch erstickende Koloß, Fettherz und Fettleber, Unbeweglichkeit, Fesselung an den Fahrstuhl, Schlaganfall. Man glaubt oft nicht, was ein unbedachtes Wort bei einem nachdenklich oder ängstlich veranlagten Menschen für Empfindungen und Befürchtungen auslöst.

Es ist zuweilen notwendig, daß der Arzt ein Leiden in seiner Schwere dem Patienten verständlich macht. Nur dadurch gelingt es oft, den Patienten zur erforderlichen Mitarbeit heranzuziehen. Niemals aber sollte ein Leiden ernster dargestellt werden als es in Wirklichkeit ist. Einem Patienten müssen die Folgen seiner verfehlten Lebensweise klar gemacht werden, es dürfen aber nicht leere Drohungen an die Wand gemalt werden. Dieses Verfahren, das bei kleinen Kindern beliebt ist, ist auch bei kleinen Kindern ganz und gar unangebracht und verfehlt. Bei erwachsenen Menschen ist es von vornherein verwerflich. Als leere Drohung muß es aber wirken, wenn ein gewöhnliches Dickerwerden als Fettleibigkeit bezeichnet wird.

Nicht der Arzt gilt heute mehr als der Tüchtigste, der um seine Tätigkeit einen mystischen Nebel verbreitet, wie ein Tintenfisch Standort und Tätigkeit durch ausgespritzte Farbwolken unsichtbar macht. Das an den Medizinmann der primitiven Völker gemahnende Arztideal, das mit lateinischen Floskeln, geheimnistuerischem Brimborium, hundertfacher Zusammenbrauung höllischer Latwergen eine unüberbrückbare Distanz zwischen dem überragenden Magisterstand und dem nie begreifenden Laiensumpf festlegen wollte, ist verschwunden. Für immer. Klarheit und Logik müssen heute die Führung durch den Arzt dem gebildeten Nichtarzt zum Teil nachprüfbar erscheinen lassen. Nur dadurch wird es auch möglich, den Kranken zu bewußter Mitarbeit an der Genesung heranzubilden, eine wichtige Aufgabe für den neuzeitlichen Arzt.

Das Ziel wird nicht erreicht, wenn ein durchschnittliches Dickerwerden mit einem überheblichen Namen, Fettleibigkeit, gekennzeichnet und dadurch aus dem Grad des Alltäglichen, Normalen unberechtigt in den Grad des Krankhaften geschoben wird.

Nicht ein haarspalterischer Unterschied in Worten ist es, um den es sich hier handelt, sondern um eine wahrhaft *grundsätzliche* Verschiedenheit in der Auffassung und damit in der Weiterbehandlung der *Sache*. Jeder ist sich über den Unterschied klar, ob man sagt: „Sie sind zu dick, Madame" oder: „Sie sollten schlanker werden, gnädige Frau." Aber ebenso wichtig ist es, die Folge falscher Lebensführung nicht als Krankheit zu bezeichnen. Worte sind kein leeres Geklingel. Ihre richtige Anwendung kann von vornherein die geeignete seelische Einstellung herbeiführen und damit das Gehen des Weges erleichtern.

Es ist auch etwas anderes. Eine Krankheit erfordert Behandlung. Falsche Lebensführung braucht Umstellung und Umbiegung in richtige Lebensweise. Das gewöhnliche Dickwerden wird nicht durch Krankheitsbehandlung gebessert, denn es ist keine Krankheit und keine Folge krankhafter Veranlagung, sondern durch Einschlagen einer geeigneten Lebensweise. Den Weg dazu weist der Arzt.

Bei Krankheiten ist es im allgemeinen so, daß ohne Mithilfe der Kranken keine Besserung zu erwarten ist. Nur ganz wenige, vor allem chirurgische Leiden machen davon eine Ausnahme. Man weiß schon lange, wie sehr der Wille des Kranken zur Genesung beiträgt. Eine Kranke welkt unaufhaltsam dahin, weil ihr der Wille zum Gesundwerden oder die Kraft zum Gesundwerdenwollen fehlt. Zuweilen ist es Hauptziel der ärztlichen Kunst, diesen wichtigen Helfer des Gesundwerdenwollens zu wecken und zu kräftigen. Bei vielen anderen krankhaften oder nur von der Bahn des Normalen abweichenden Vorgängen im Körper ist aber das Wissen darum eine Vorbedingung für die unentbehrliche aktive Mitarbeit des Kranken. Zu solchem Wissen und Verstehen müssen die Menschen von früher Jugend an erzogen werden. Das Wissen um seinen Körper und die Vorgänge in ihm sollte selbstverständlich als so wichtiges Lehrfach erscheinen wie irgend ein sprachliches oder naturkundliches Unterrichtsfach.

Will jemand schlanker werden, so muß vor allem sein Interesse und sein Verständnis für die Möglichkeiten und Notwendigkeiten geweckt werden. Er muß wissen und verstehen, worum es sich handelt. Seine aktive Mitarbeit ist erforderlich. Ein Mensch, der seine Kost nach bestimmten Gesichtspunkten abändern soll, darf das nicht stumpf und mechanisch tun, wie man einem Tier befiehlt, von jetzt ab auf der linken Seite der Straße statt auf der rechten zu laufen, sondern er muß einsehen, warum etwas angeordnet wird. Dann wird er es entweder sein lassen, oder aber bewußt und energisch mithelfen. Arzt und Kur und Diätordnung werden ihm nicht als Störenfriede und Feinde erscheinen, denen man ein Schnippchen schlagen muß, sondern als Hilfebringer und als Förderer seiner eigenen Ideen.

2. Fettverteilung im menschlichen Körper. Körpergewicht und Körpergröße.

Wann kann man von einem Menschen sagen: er sei zu dick?

Es gibt dafür bekanntlich ganz eindeutige und untrügliche Anzeichen. Das tägliche Leben liefert sie, nicht die Wissenschaft. Der Schneider, der Maß zu einem neuen Anzug nimmt, äußert sich achselzuckend über die Zunahme des Bauchumfangs. Die Schneiderin, deren Modellkleider nicht mehr wie angegossen passen, macht zart darauf aufmerksam, daß das nicht an ihren Kleidern liege, die durchwegs nach „Normalfiguren" gearbeitet seien. Weniger zurückhaltend ist schon die Freundin, die mit besorgtem, aber nicht eigentlich unglücklichen Ton die Umfangzunahme der Freundin vermerkt. (Denn merkwürdigerweise kennen Freundinnen untereinander nur zwei Stufen der Beurteilung. Die eine ist ein blasses, abgehetztes, versorgtes, schlechtes Aussehen — die andere ein deutliches Zudickgewordensein. Zwischen diesen beiden unerfreulichen Extremen muß doch ein Mittelding, zum mindesten ein Übergangsstadium vorhanden sein, in dem die Frau hübsch und gut aussieht, ohne wahrnehmbar an Fülle gewonnen zu haben. Es existiert auch, selbstverständlich. Nur ist von ihm nie die Rede.)

Der Diagnostiker vermehrter Fülle ist also selten der Arzt, meist der Schneider oder ein Angehöriger eines anderen menschenverschönernden Gewerbes. Das Eigengefühl reagiert empfindlich darauf. Zunächst möchte es eine absolute Gewißheit haben, ob die Gewichtszunahme wirklich über das Normgemäße hinausgeht. Die wissenschaftliche Definition ist da keineswegs immer leicht zu liefern.

Denn mehr als alles andere belehrt der äußere Eindruck, der oft nicht in exakte Formeln zu bringen ist, aber durch den Augenschein unbeirrbar feststeht, über normale, zu magere, zu dicke Gestalt. Entscheidend für die Beurteilung ist der Ansatz des Unterhaut-Fettgewebes. Art der Verteilung und erkennbare Menge liefern einen klaren Eindruck vom Fettgehalt eines Körpers. Erfahrung läßt mit einem einzigen Blick das richtige Urteil gewinnen. Wo künstliche Täuschungen und Verbergungen vorliegen, ist allerdings auch ein grober Irrtum in der Beurteilung möglich.

Fett ist ein dauernder Bestandteil des menschlichen Körpers. Eine Analyse ließ die Zusammensetzung des menschlichen Körpers folgendermaßen erkennen:

Wasser	67,6%
Eiweißkörper	15,2%
Eiweißabkömmlinge	4,9%
Fett	2,5%
Extraktivstoffe	0,6%
Salze	9,2%.

Bei dieser Berechnung ist nicht berücksichtigt, daß der Wassergehalt des Fettes außerordentlich verschieden sein, zwischen 7 und 46% schwanken kann. Dadurch ist ein wichtiges Ausgleichsorgan für den Wasserhaushalt des Körpers geschaffen. Bei Entfettungskuren mit Flüssigkeitsentzug ist es meist sehr leicht, rasch eine Herabsetzung des Gewichtes hervorzurufen. Sie beruht indes zunächst nicht auf einem tatsächlichen Verschwinden des Fettes, sondern nur auf seiner und des übrigen Körpers Entwässerung.

Das Fett ist im ganzen Körper verteilt. Es ist in Zellen eingeschlossen. Es findet sich zwischen den Muskelfasern, umhüllt und trennt Organe, bildet Ansammlungen im Innern des Körpers, ist im Knochenmark anzutreffen. Die Hauptmasse stellt das unter der Haut gelegene (subkutane) Fettgewebe dar.

Die Art der Verteilung des Unterhautfettes gibt den entscheidenden Eindruck über das „Embonpoint", die Zunahme der Körperfülle, und zwar häufig auch dann, wenn sich mehr die Fettverteilung als die Fettmenge geändert hat. Der Körper des Säuglings ist infolge der gleichmäßigen Fettverteilung von einer runden, auch noch im frühen Kindesalter charakteristischen Fülle. Der Säugling besitzt eine starke Fettablagerung in den Wangen; sie erleichtert seine Haupttätigkeit, das Saugen. Furchen, Grübchen und Einziehungen lassen fettarme Stellen erkennen. Im Lauf der Entwicklungsjahre nimmt das äußere Fettpolster zu, nach ihrem Abschluß wird überschüssiges Fett besonders auch im Innern des Körpers abgelagert.

Manche Stellen sind durch Fettablagerung ausgezeichnet, so die Unterbauchgegend, der Nacken, die Hüftengegend usw. Fettfrei oder fettarm sind Stellen, bei denen die Haut ohne zwischenliegende Muskulatur unvermittelt dem Knochen oder Knorpel aufliegt, also an den Dornfortsätzen der Wirbelsäule, am Brustbein, am Ellbogen, an den Knöcheln der Finger. Hände und Füße sind fettarm, Stirn und Augenlider im allgemeinen fettfrei.

Im Laufe der Reifezeit macht sich der Unterschied in der Fettverteilung bei Männern und Frauen geltend. Der Körper des Mannes ist reicher an Muskulatur, der der Frau an Fett, daher weicher und gerundeter. Knochenecken und scharfe Konturen werden bei der Frau durch Fetteinlagerung verhüllt. Das Verhältnis von Muskulatur und Fett zur Körpermasse beträgt beim Mann 42 und 18%, bei der Frau 36 und 28%. Der reichere Fettansatz an Brustdrüsen, Hüften und Gesäß bei Frauen bedingt charakteristische sekundäre Geschlechtsmerkmale.

Stärkere Fettanlagerungen kommen bei der Frau an grundsätzlich verschiedenen Stellen vor. J. Bauer hat hier vier Haupttypen der Fettlokalisation bei der erwachsenen Frau unterschieden. Bei dem ersten Typ, der die Mehrzahl der Frauen kennzeichnet, findet sich der hauptsächlichste Fettansatz an den Darmbeinkämmen und Lenden, in der Unterbauchgegend und am Gesäß („Rubenstypus"). Bei einem zweiten Typus sammelt sich das Fett vorzugsweise oder sogar allein oben außen am Oberschenkel („Reithosentypus"). Ein dritter Typus zeigt Fettansammlung an Armen, Hals und Nacken, an Brüsten und Rücken bei schlanker, verhältnismäßig fettarmer unterer Körperhälfte. Der vierte Typus besitzt oft starke Fettansammlungen an Ober- und Unterschenkeln, die knapp oberhalb des Fußgelenkes eine Art Fettkragen bilden und mit der Fettarmut des Leibes, Halses und der Arme in Gegensatz stehen. Im übrigen ist bei der Frau mehr als beim Mann die Stärke des Fettpolsters veränderlich: Ausbildungszeit (Pubertät) und Rückbildungszeit (Klimakterium) der Fortpflanzungsorgane, Beginn der Ehe, Schwangerschaft, Geburten äußern sich meist deutlich in Veränderungen in der Fettverteilung.

Fettansatz findet sich bei der Frau vorwiegend in der unteren Hälfte des Körpers (sowie an den Brustdrüsen), beim Mann in der oberen Hälfte (sowie in der Unterbauchgegend). Gesicht, Hals, Schultergegend und Nacken können sich beim Mann außerordentlich fettreich gestalten und zu den charakteristischen Bildern der Fettwülste im Gesicht, hängender Backen, des Stiernackens führen.

Auffallende Veränderungen in der Fettverteilung und dem Fettreichtum des Körpers treten dann auf, wenn Störungen der inneren Sekretion in einem Körper bestehen. Die Geschlechtsdrüsen, die Schilddrüse, der Hirnanhang (Hypophyse) und andere Drüsen geben unmittelbar ins Blut einen bestimmten Saft, ein Sekret, ab, ein „inneres Sekret", im Gegensatz zu den nach „außen" abgegebenen Absonderungen etwa des Magensaftes, des Harns und anderer Drüsen. Die inneren Sekrete sind nicht unmittelbar aufzufangen, im einzelnen auch nicht näher bekannt; man weiß nur aus krankhaften Zuständen, in denen sie fehlen, daß ihre Anwesenheit von größter Bedeutung für das Leben und die Vorgänge im lebenden Körper ist. Die Formbildung des Körpers, die Ausbildung der sekundären Geschlechtsmerkmale wird durch Stoffe der inneren Sekretion entscheidend beeinflußt. Störungen in der Sekretabsonderung der männlichen Keimdrüsen haben nun auch häufig eine Veränderung der Fettverteilung zur Folge. Absichtliche Entfernung der Keimdrüsen in früher Jugend hat bei den davon betroffenen männlichen Personen (Kastraten, Eunuchen) unter anderem Fettansammlung an den Brustdrüsen, an Hüften und Gesäß, Ausfüllung der eckigen Konturen an Armen und Oberschenkeln durch Fett und dadurch Rundung zur Folge. Mit einem Wort, diese Körper werden dem weiblichen Typus ähnlich, die Männer gewinnen ein feminines Aussehen.

Eine gänzliche Entfernung der Keimdrüsen oder anderer Drüsen der inneren Sekretion ist zur Erzielung dieser Wirkung gar nicht nötig. Die Stoffe der inneren Sekretion tragen offenbar in hervorragendem Maße zur Beschleunigung von Stoffwechselvorgängen, zur Verbrennung des Fettes bei. Auch teilweiser Ausfall, nicht nur gänzliches Fehlen, solcher Stoffe, ruft Veränderungen in der Fettverteilung hervor. Bei Frauen und Männern, deren Keimdrüsen- oder Schilddrüsenabsonderung herabgesetzt ist, kann stärkerer Fettansatz zunächst die einzig sichtbare Folge sein.

Die Fettansammlung an einer bestimmten Gegend des Körpers hängt innig mit Eigenschaften des dortigen Gewebes zusammen. Das ist eine ganz seltsame Beobachtung. Das Gewebe der Bauchhaut neigt zu Fettansammlung. Es wird auch dann dazu neigen, wenn — etwa im Verlauf einer Operation — die Bauchhaut sich nicht mehr an der ursprünglichen Stelle am Bauch befindet, sondern anderswohin überpflanzt (transplantiert) worden ist. Strandberg und E. Hoffmann berichten von derartigen Wahrnehmungen. Es kam eine 35jährige Frau zur Behandlung, bei der im 12. Lebensjahre ein Hautdefekt des rechten Handrückens mittels Überpflanzung (Transplantation) von Bauchhaut gedeckt werden mußte. Etwa im 30. Lebensjahre begann sich bei ihr eine allgemeine Korpulenz zu entwickeln, und dabei nahm die überpflanzte Haut an der rechten Hand in gleichem Maße wie die Bauchhaut an Dicke zu. In dem zweiten Fall handelte es sich um ein 12jähriges Mädchen, bei dem Überpflanzung von Bauchhaut auf den linken Handrücken notwendig geworden war. Zwei Jahre später trat mit einer allgemeinen, der Pubertätszeit entsprechenden Zunahme des Fettpolsters auch eine gesonderte Zunahme an der überpflanzten Haut am Handrücken auf. Der Handrücken ist gerade eine Gegend, in der sich sonst wenig Fett findet. Man könnte in den erwähnten Fällen von einer „Fettbauchbildung am Handrücken“ sprechen. Das überpflanzte Gewebe hat auch an der neuen Stelle seine ursprüngliche Neigung zu Fettansammlung (Lipophilie) nicht verloren.

Mit der Annahme einer Neigung gewisser Rassen oder gar Nationen zu stärkerer oder geringerer Fettbildung muß man äußerst vorsichtig sein. Man hat etwa Engländer oder Holländer als besonders zu Leibesfülle neigend hingestellt. Aber der dicke Engländer ist keine bekanntere

Figur als der magere, dürre. Die Lebensweise ist in der Regel hier entscheidend, und so mag es sein, daß das die Freuden der Tafel schätzende holländische Volk mehr „wohlgenährte" Figuren hervorbringt als ein anderes. Solche Dinge als Rassenverschiedenheit anzusprechen, geht nicht an. Bei den Frauen afrikanischer Volksstämme besteht vielfach eine Fettansammlung in der Steißgegend („Fettsteiß" der Hottentotten, Buschmannfrauen usw.). Andeutungen dieser Erscheinung kommen auch bei Europäerinnen vor. Dicke Frauen sind bei manchen Völkern, so auch im Orient, besonders geschätzt. Ihre Ernährung nimmt daher vielfach geradezu auf Fettmast Bedacht. Xenophon berichtet von einer kleinasiatischen Königin, die durch Mast mit Kastanien unförmlich dick geworden war.

Es wurde daran gedacht, daß die Art der Nahrung auf die Verteilung des Fettes Einfluß haben könne. So sollte Überernährung mit Kohlehydraten zu ziemlich gleichmäßigem Fettansatz an Bauch, Gesicht, Armen und Beinen führen, Überernährung mit Fett zu Fettansatz an Bauch und Gesäß, Überzufuhr von Alkohol zu Fettansatz an Gesicht und Bauch, verbunden mit Magerbleiben der Beine. So stellt man sich ja auch den fetten Falstaff vor: mit Hängebacken, einem ungeheuren Bauch, auf dünnen, der Last des Körpers fast erliegenden Beinen. Es ist aber nicht bewiesen, daß ein derartiger Zusammenhang zwischen Nahrungsart und Ort des Fettansatzes im Körper besteht.

Bei Pflanzen und Tieren regelt sich die Fettverteilung gleichfalls in charakteristischer Weise. Der ganze Pflanzenkörper ist mit feinen Fetttröpfchen erfüllt. In manchen Teilen, so den Samen, sammelt sich Fett in größerer Menge an. Je wärmer das Klima ist, unter dem die Samen reiften, um so größer ist im allgemeinen ihr Fettgehalt. Die verschiedenen Nußarten sind durchweg fettreich. Bei den Ölfrüchten wird aus Samen und aus dem Fruchtfleisch das Fett gewonnen.

Bei Tieren sind von Fettansammlungen bekannt der Fetthöcker der Dromedare und zweihöckerigen Kamele. Mit dem Schwinden des Fettes im Hungerzustand schwinden die Höcker zum großen Teil. Als Fettdepot dient die Winterschlafdrüse der winterschlafhaltenden Nagetiere. Zu Beginn der Winterschlafzeit ist sie ein mächtiges Organ, das sich über den Nacken beiderseits bis zu den Achselhöhlen zieht. Während der Hungerzeit des Winterschlafes wird ihr Fett verbraucht und sie schwindet bis auf kümmerliche Reste.

Altersveränderungen in der Fettverteilung.

In den einzelnen Lebensaltern verschiebt sich die Verteilung des Fettes in bestimmter Weise. Ganz im allgemeinen spricht man von normalem Fettgehalt und normalem Ernährungszustand des Körpers, wenn die Zwischenrippenräume ausgefüllt sind, die Rippen daher nicht hervortreten, wenn Brust und Bauch bei Rückenlage gleichweit in die Höhe ragen, wenn die Sehnen am Handrücken nicht stärker infolge Schwundes des Zwischengewebes hervortreten.

Abb. 2. Der jugendliche Jackie Coogan.

Abb. 3. Hans Holbeins Familienbild zeigt, wie die Wangenrundung mit dem Alter abnimmt.

Außer Eigentümlichkeiten der Haut und der Haltung sind es besonders Verschiebungen im Fettgehalt des Körpers, die uns — meistens unbewußt — zu richtiger Schätzung des Alters bei einem anderen Menschen veranlassen. L. R. Müller hat darauf das Augenmerk gelenkt. In der Kindheit ist es vor allem die Rundung der Wangen infolge ihres reichen Fettpolsters bei kleiner Nase und kleinem Mund, die den jugendlichen Ausdruck bedingt. Gerade die ausgeprägte Erscheinung dieser kindlichen Besonderheiten machte das Antlitz des weltbeliebten kleinen Filmkünstlers Jackie Coogan so entzückend (Abb. 2). Die Fettfüllung der oberen Backenhälfte verleiht den Kindergesichtern die Ähnlichkeit mit runden Äpfeln. Ende

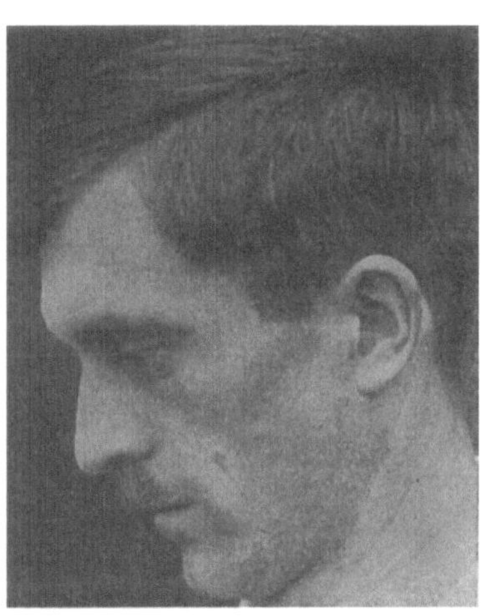

Abb. 4. Verschiebung des Fettpolsters. Schwinden des Unterhautfettgewebes unter dem Jochbogen bei einem Mann von 29 Jahren. Andeutung von Doppelkinn.

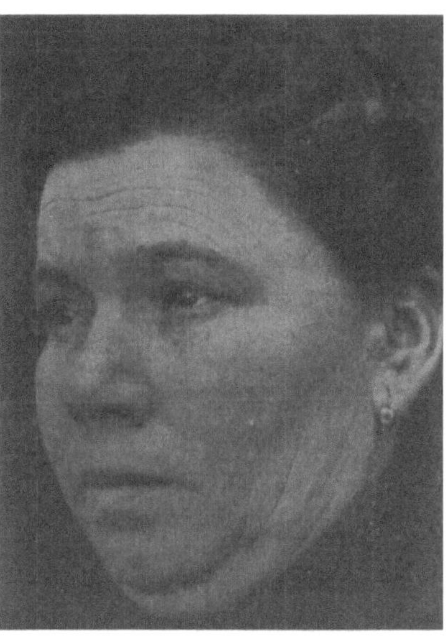

Abb. 5. Verschiebung des Fettpolsters bei einer 47jährigen Frau. Leichter Schwund des Fettes unter dem Jochbogen, starke Doppelkinnbildung.

der zwanziger und in den dreißiger Jahren verschiebt sich das Fettpolster mehr nach den unteren Backen- und Gesichtsteilen. Die Backen hängen infolgedessen mehr oder weniger herab, ein Doppelkinn wird angedeutet oder ausgebildet. Die Bögen des Jochbeines treten leicht oder scharf hervor. Lippen, Nase und Ohren nehmen an Umfang zu (Abb. 3—5).

Der Nacken, der in jugendlichem Alter mager ist, wird zur Ablagerungsstätte für Fett. Richtige Fettwülste können dort entstehen, die ein Faltenwerfen der Haut mit sich führen. Bei der Frau werden Brüste und Hüftengegend fettreicher: die schlanke Figur des jungen Mädchens wandelt sich schließlich in die umfangreiche der Matrone, beides so typische Zustände, daß sie keiner Erklärung oder Veranschaulichung bedürfen. Mit höherem

Alter sammelt sich bei beiden Geschlechtern das Fett vor allem in den Bauchdecken. Das Mißverhältnis wird um so deutlicher, als in späteren Lebensjahrzehnten das Fett in Gesicht, an Armen und Beinen, Händen und Füßen allmählich schwindet, während es am Bauch erhalten bleiben kann (Abb. 6). So kommt auch bei ganz gesunden Menschen schließlich das charakteristische Greisenantlitz zustande, bei dem infolge Schwinden des Fettes Jochbogen und alle anderen Knochenumrisse, - Kinn und Kiefer scharf hervortreten und insbesondere die Schläfen eingesunken sind (Abb. 7).

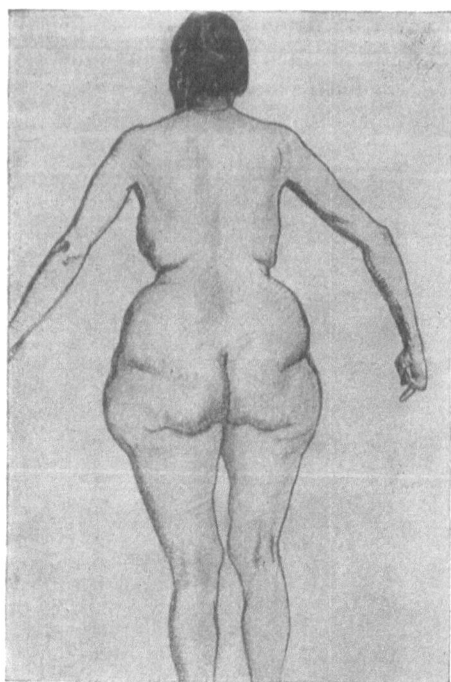

Abb. 6. Verschiebung des Fettpolsters mit dem Alter. Starke Anhäufung des Fettes in der Lendengegend und am Becken, dabei Abmagerung des Brustkorbes, der Arme und der Beine. Frau in den sechziger Jahren.

Abb. 7. Gegensatz zwischen dem reichen Fettpolster der Wangen in der Kindheit und dem Schwund des Wangenfettes im Alter. (Jean Dampt: „Der Kuß der Großmutter".)

Beim „dicken Bauch" ist allerdings zu beachten, daß die Vorwölbung häufig nicht auf emer Zunahme des Fettpolsters beruht, sondern auf einer Zunahme des Darminhaltes durch Kotansammlungen oder Gasbildung. Derartigen Erscheinungen ist auch nicht mit Entfettungskuren beizukommen, hier ist vielmehr eine geeignete Darmbehandlung notwendig. Verständige Kuren können dann die übermäßige Vorwölbung überraschend schnell und ohne Fetteinbuße zur Rückbildung bringen.

Fett in Organen.

Die Hauptmasse des im Körper enthaltenen Fettes sitzt in der lockeren, ausdehnbaren Schicht zwischen Haut und Muskulatur, als Unterhautfettgewebe. Die einzelnen Organe im Innern des Körpers sind wichtige Fettträger, sehr verschieden freilich in ihrem Gehalt an Fett. Als fettreichster Stoff im Körper ist das Knochenmark zu betrachten, das zu mehr als 90% aus Fett besteht. Das Fettgewebe, das in der Nierengegend, in der Bauchhöhle und um das Herz herum sitzt, hat einen nicht viel geringeren Fettgehalt (82%). Besonders wenig Fett enthält im allgemeinen das Blut mit 0,4% Fettgehalt, weiter der Speichel mit 0,02% und der Schweiß mit 0,001% Fettgehalt, also kaum mehr wahrnehmbaren Spuren. Beträchtlich kann der Fettgehalt der Leber sein, die für den Fettstoffwechsel von Bedeutung ist. Das große Netz, das die Darmschlingen bedeckt, kann zur Fettablagerungsstelle werden und dann viele Pfund Fett enthalten. Bei stärkerer Fettsucht werden die Muskelfasern von Zügen von Fettgewebe ganz durchsetzt; rings um das Herz sammelt sich Fett an, das bei großer Ausdehnung imstande ist, die Herzbewegungen zu erschweren. Im allgemeinen ist aber Fettansammlung um das Herz bei weitem nicht so gefährlich wie ihr Ruf, sie läßt sich auch unter geeigneter Behandlung ohne Schaden wieder zur Rückbildung bringen. Bedenklicher ist die „fettige Entartung" oder „fettige Degeneration" des Herzens oder eines anderen Organes. Dabei wandelt sich das normale Organgewebe, auf dem seine Leistungsfähigkeit beruht, in Fettgewebe um. Die Leistungsfähigkeit wird dadurch beeinträchtigt. Dieser Vorgang hat indes nichts mit Fettleibigkeit oder Fettsucht zu tun, sondern er ist eine Folge entzündlicher Vorgänge oder gewisser Vergiftungen.

Körpergewicht und Körpergröße.

Wieviel soll ich wiegen?

Diese Frage wird für jeden, der sich mit Dickwerden und Schlankbleiben beschäftigt, die wichtigste Grundlage bilden. Aussehen und Schätzung täuschen oft. Nur die Wage gibt einwandfreie Auskunft.

Am besten bewährt sich bei der Berechnung des normalen Körpergewichtes die Bezugnahme auf die Körpergröße. Mit ihr ist am sichersten ein richtiger Eindruck von verhältnismäßiger Vermehrung oder Verminderung des regelrechten Körpergewichtes zu erzielen. Natürlich spielt auch das Lebensalter dabei eine Rolle. Ein hochaufgeschossener Jüngling von 17 Jahren, der die gleiche Größe erreicht hat wie ein Mann von 55 Jahren, kann und soll nicht dasselbe Gewicht aufweisen.

Bei gesunden Menschen zeigen Unterschiede im Gewicht, soweit sie nicht durch Verschiedenheiten der Größe oder des Lebensalters bedingt sind, meist Unterschiede im Fettgehalt an. Wägungen ermöglichen hier also den Vergleich zwischen den Mengen an Fettgewebe in den verschiedenen Körpern. Es ist aber zu berücksichtigen, daß bei gleicher Größe auch die Masse der Knochen das Gewicht beeinflußt, ebenso die Menge der Muskulatur. Kräftige, massige Knochen erhöhen das Gewicht, leichte, dünne setzen es herab. Von großer Bedeutung ist der Wassergehalt des Körpers. Bei Zuständen, in denen sich Wasser im Körper ansammelt, kann das Gewicht von einem Tag auf den andern um Kilogramme zunehmen oder abnehmen. Einen wassersüchtigen und einen fettsüchtigen Menschen in ihrem Gewicht miteinander zu vergleichen, ist völlig sinnlos. Es ist dasselbe als wollte man sagen: der Apfel und die Birne sind Kirschen, denn in jedem dieser Worte ist der Buchstabe e enthalten. Ebenso unvergleichbar sind natürlich auch geringe Unterschiede im Gewicht, je nachdem sie vom Fettgehalt oder vom Wassergehalt des Körpers hervorgerufen werden. Und ebenso unvergleichbar sind schließlich auch die Gewichtsabnahmen bei Entfettungskuren, je nachdem sie durch Wasserverlust oder Fettabbau hervorgerufen sind! Praktisch ist die Erkennung dieser Tatsache von größter Bedeutung.

Aus dem Gewicht allein kann nicht auf den Gesundheitsstand eines Menschen geschlossen werden. Ein gleichaltriger, gleichgroßer Mensch braucht deswegen, weil er mehr wiegt, noch keineswegs kräftiger oder leistungsfähiger zu sein. Umgekehrt verbürgt geringeres Gewicht das Vorhandensein einer fettlosen, sehnigen Gestalt durchaus noch nicht. Für die Beurteilung des Gesundheitsstandes ist niemals eine bestimmte Einzelheit maßgebend, sondern immer nur eine Vielheit von Gesichtspunkten.

Nur wer sich diese Überlegungen vor Augen hält, wird mit einer Gewichtsfeststellung Richtiges anfangen können. Bei Tabellen, die zur Festlegung von Durchschnittswerten anzuführen sehr zweckmäßig ist, darf keinen Augenblick vergessen werden, daß es sich nur um Durchschnittswerte handelt. Bei vielen Tausenden von Einzelbeobachtungen wurde das Mittel gezogen. So ist es nur natürlich, daß im Einzelfall der gefundene Wert von dem Tabellenwert abweicht. Das darf nicht beunruhigen. Tabellenwerte liefern nur ungefähre Vergleichspunkte, die nach oben oder unten überschritten werden dürfen.

Zur ungefähren Feststellung, wieviel man wiegen soll, ist nach wie vor die alte Formel geeignet, die besagt: man solle

soviele Kilogramm wiegen als die Körpergröße in Zentimetern über 1 Meter beträgt.

Ein Mann von 1,70 m Größe soll danach also rund 70 kg wiegen. Bei Frauen ist das Durchschnittsgewicht etwas geringer. Mit dieser leicht behaltbaren Formel ist nur ein ungefährer Anhaltspunkt für die Gewichtsfeststellung gewonnen. Sie ist sehr praktisch, wenn sie auch genauen wissenschaftlichen Ansprüchen nicht standhält.

Auch in der von v. Noorden angegebenen Formel zur Berechnung des Normalgewichtes ist die Körpergröße zugrunde gelegt. Danach ist

Normalgewicht = Produkt aus Körperlänge (in Zentimetern) × 430 als untere und × 480 als obere Grenze.

Berechnet man danach das Beispiel von dem 1,70 m großen Mann, so wäre sein Normalgewicht zwischen 73 und 81 kg, also höher als in der obigen Schnellformel. Diese Formel hat den Vorzug, nicht eine einheitliche Zahl, sondern eine kleine Möglichkeitsbreite zu liefern. Das ist aber gut, um immer erkennen zu lassen, daß es sich bei derartigen Berechnungen nur um ungefähre Werte handelt. Sie können nicht auf zwei Dezimalen genau an-

Tabelle I.

Körpergröße und Körpergewicht bei Männern und Frauen.

Körpergröße	Körpergewicht		Körpergröße	Körpergewicht	
	Männer	Frauen		Männer	Frauen
cm	kg	kg	cm	kg	kg
50	3,2	2,9	171	71,2	66,8
70	9,3	9,1	172	72,5	68,0
80	11,4	11,2	173	73,8	69,2
90	13,5	13,4	174	75,1	70,4
100	15,9	15,8	175	76,4	71,6
110	18,5	18,3	176	77,7	72,8
120	21,7	21,5	177	79,0	74,0
130	26,6	26,8	178	80,3	75,3
140	34,5	37,2	179	81,7	76,6
150	48,1	45,1	180	83,1	77,9
151	49,0	46,0	181	85,5	79,2
152	50,0	46,9	182	85,9	80,5
153	51,0	47,8	183	87,3	81,8
154	52,0	48,8	184	88,7	83,2
155	53,0	49,8	185	90,1	84,6
156	54,0	50,3	186	91,6	86,0
157	55,1	51,8	187	93,1	87,4
158	56,2	52,8	188	94,6	88,8
159	57,3	53,8	189	96,1	90,2
160	58,4	54,8	190	97,7	91,6
161	59,5	55,8	191	99,3	93,1
162	60,6	56,8	192	100,9	94,6
163	61,7	57,8	193	102,5	96,1
164	62,8	58,9	194	104,1	97,6
165	64,0	60,0	195	105,7	99,1
166	65,2	61,1	196	107,3	
167	66,4	62,2	197	108,9	
168	67,6	63,3	198	110,5	
169	68,8	64,4	199	112,2	
170	70,0	65,6	200	113,9	

Die in der Tabelle angegebenen Zahlen beziehen sich auf das Gewicht des unbekleideten Körpers. Das Mehrgewicht in Kleidern, ohne Überzieher und ohne besonderen Inhalt der Taschen, beträgt bei Männern im Sommer 3—4 kg, im Winter 4—5 kg, bei Frauen im Sommer 3 kg, im Winter 4 kg im Durchschnitt.

gegeben werden, wenn solche scheinbare Genauigkeit auch manchen Leuten liegen mag.

Eine andere Berechnungsformel von Öder benutzt statt der gewöhnlichen Körpergröße die „proportionelle" Körperlänge. Es wird dabei die Länge vom Scheitel bis zur Mitte der Symphyse festgestellt, das ist bis zur Mitte der Schambeinäste. Die proportionelle Länge ist gleich der doppelten Entfernung vom Scheitel zur Symphysenmitte in Zentimetern. Bei Männern gilt dann die Formel:

Normalgewicht (in Kilo) = Proportionelle Körperlänge (in Zentimetern) — 100.

Tabelle II.

Körpergröße und Körpergewicht in den verschiedenen Lebensaltern.

Körpergröße (cm)	15—24 Jahre	25—29 Jahre	30—34 Jahre	35—39 Jahre	40—44 Jahre	45—49 Jahre	50—54 Jahre	55—59 Jahre	60—64 Jahre	65—69 Jahre
150	53,4	56,3	57,1	59,4	60,0	60,0	60,0	60,0	58,1	—
152	54,3	56,1	58,0	59,4	60,3	60,7	60,7	60,7	59,2	—
154	55,0	57,0	58,4	57,4	60,6	61,4	61,4	61,4	60,2	—
156	55,7	57,2	58,9	59,9	61,2	62,1	62,0	62,1	61,4	—
158	56,5	58,3	59,7	60,7	62,0	62,9	62,9	62,9	62,5	—
160	57,6	59,4	60,8	61,7	63,1	63,9	64,0	64,0	63,5	63,5
162	59,1	60,9	62,2	63,1	64,5	65,0	65,4	65,4	64,9	64,5
164	60,2	62,0	63,4	64,3	65,6	66,1	66,8	66,8	66,3	65,8
166	61,4	63,2	64,6	65,5	66,9	67,3	68,2	68,2	68,0	67,3
168	62,9	64,8	66,1	67,0	68,4	68,7	69,8	69,8	69,8	68,7
170	64,3	66,4	67,8	68,8	70,2	70,6	71,5	71,5	71,5	70,6
172	65,7	67,9	69,3	70,5	71,9	72,4	73,3	73,2	73,3	72,9
174	67,2	69,4	71,0	72,3	73,7	74,2	74,9	75,1	75,1	75,1
176	68,6	70,8	72,8	74,1	75,5	75,9	76,4	76,9	77,0	77,0
178	70,1	72,3	74,6	76,0	77,3	77,7	78,2	78,6	79,3	79,3
180	71,8	74,1	76,4	78,1	79,1	79,9	80,0	80,4	81,2	81,2
182	73,9	76,2	78,5	80,2	80,8	82,0	81,8	82,2	83,1	83,1
184	75,8	78,5	80,6	82,4	82,8	84,2	83,7	84,2	84,7	84,7
186	77,6	81,0	82,8	84,6	85,1	86,5	85,9	86,2	86,0	86,0
188	79,9	83,5	85,3	87,1	88,1	89,0	88,0	88,0	87,1	87,1
190	81,7	85,7	87,7	89,7	—	—	—	—	—	—

Die proportionelle Länge ist meist etwas größer als die wirkliche Länge. Wenn beispielsweise ein Mann eine wirkliche Länge von 175 cm hat und seine proportionelle Länge 182 cm beträgt, so ist sein Normalgewicht nach dieser Formel 82 kg. Die Formel soll in 97 % der Fälle richtige Ergebnisse liefern. Eine ziemlich komplizierte Formel bei Frauen ergibt gleichfalls geringere Werte als bei Männern.

Raschen Überblick über Körpergewicht und Körpergröße (vom Scheitel bis zur Sohle) ermöglicht die Tabelle I (S. 17). Sie ist nach Angaben Quetelets und Gärtners zusammengestellt.

Bei allen Fragen, die sich mit Dickwerden, Fettleibigkeit usw. beschäftigen, ist die Kenntnis des tatsächlichen und des ungefähr richtigen Gewichtes notwendig. Denn danach richtet sich die Bemessung der notwendigen Nahrungsmenge. Die Nahrungsmenge wird nach ihrem Brennwert in Kalorien berechnet, und die nötige Kalorienmenge pro Kilogramm Körpergewicht festgesetzt.

Um den Fettgehalt des Körpers festzustellen, läßt sich auch eine Bestimmung des Fettpolsters vornehmen. Man kann dazu mit einem Maßstab messen, wie tief der Nabel eingesunken ist, bzw. wie hoch er von den umgebenden fetthaltigen Schichten der Bauchhaut überragt wird. Oder eine Hautfalte mit dem darunterliegenden Fettgewebe wird emporgehoben und ihre Dicke mit Zirkel oder Schiebemaß bestimmt. Bei Untersuchungen an normalen Personen fand sich so das stärkste Fettpolster in der Gesäßgegend. Der Unterschied in der Dicke einer gleichartigen Hautfalte bei einem normalen und einem fettleibigen Menschen kann 2—3 cm betragen. Häufig verhindern Gespanntsein der Haut oder ähnliche Erschwernisse die genauere Feststellung der Dicke des Fettpolsters in und unter der Haut.

Die Tabelle I hat nur das Verhältnis von Körpergröße und Körpergewicht beachtet. Wie bereits erwähnt, ist aber oft das Alter zur Beurteilung der einschlägigen Verhältnisse von Wichtigkeit. In der folgenden Tabelle II sind Durchschnittswerte des Körpergewichtes bei bestimmter Größe und in den verschiedenen Altersklassen (nach Hassing) eingetragen (Gewicht in Kilogramm).

In der Tabelle II tritt ein deutliches Ansteigen des Körpergewichtes bis zur Altersklasse 40—44 hervor, dann im allgemeinen Gleichbleiben des Gewichtes bis zum 60. Jahre, nach diesem Zeitpunkt allmähliches Abnehmen.

3. Der Kreislauf des Fettes im lebenden Körper.

Der nächste Schritt zum Verständnis der Möglichkeit, wie übermäßiger Fettansatz im Körper zu verhindern sei, ist die Beantwortung der Frage: Woher stammt das Fett im Körper? Wie wird es in ihm gebildet? Wie verlaufen die inneren Vorgänge, wenn es zum Verschwinden gebracht werden soll?

Fett kommt mit der Nahrung in den Körper. Man darf sich nun nicht vorstellen, daß das Nahrungsfett unmittelbar in den Körper übergeht, also etwa unter der Haut abgelagert wird. Es erleidet vielmehr zunächst — wie jeder Nahrungsstoff — tiefgreifende chemische Umwandlungen. So nur wird es in eine Form gebracht, die dem menschlichen Körper angemessen ist: in menschliches Fett verwandelt.

Wäre das nicht so, so müßte beispielsweise gegessenes Hammelfett unter der Haut des Menschen gleichfalls als Hammelfett abgelagert werden. Das ist in größerem Umfang schon deshalb nicht möglich, weil die verschiedenen Fettarten verschiedene chemische Eigenschaften haben. Sie werden dadurch grundsätzlich voneinander unterschieden. Die Fette bestehen aus den gleichen Elementen wie die Kohlehydrate (Zucker), nur in völlig anderer Zusammensetzung, aus Kohlenstoff C, Wasserstoff H und Sauerstoff O. Chemisch sind die Fette als organische Salze zu betrachten, sogenannte Ester, Verbindungen des Glyzerins mit Fettsäuren. Bei den tierischen Fetten kommen hauptsächlich drei Fettsäuren in Betracht: die Stearinsäure, die Palmitinsäure und die Ölsäure. Je nach dem größeren oder geringeren Gehalt an Ölsäure sind die Fette mehr oder weniger flüssig. Der Grad der Festigkeit unterscheidet die verschiedenen Fettarten voneinander. Bei der gleichen Temperatur, bei der das Fett halbflüssig ist, bleibt Hammeltalg noch fest. Alle Fettarten sind leichter als Wasser. Darauf ist es zurückzuführen, daß ein fetter Körper trotz seines größeren Gewichtes leichter schwimmt als ein magerer, knochiger.

Bei der Nahrungsaufnahme kommt das Fett als leicht zerdrückbare Masse (Butter), als Flüssigkeit (Öl) oder in Form feinst verteilter Kügelchen in Flüssigkeit, als Emulsion (Milch) in Mund, Speiseröhre und Magen. In Magen und Darm werden die Fette verdaut, d. h. in ihre chemischen Bausteine zerlegt. Das ist wie bei anderen Nährstoffen notwendig, weil der Körper nicht die grob dargebotenen Verbindungen aufnehmen und gebrauchen kann, sondern nur einfachere chemische Bestandteile. Die Spaltung in Glyzerin und Fettsäuren geschieht durch Fermente. Sie

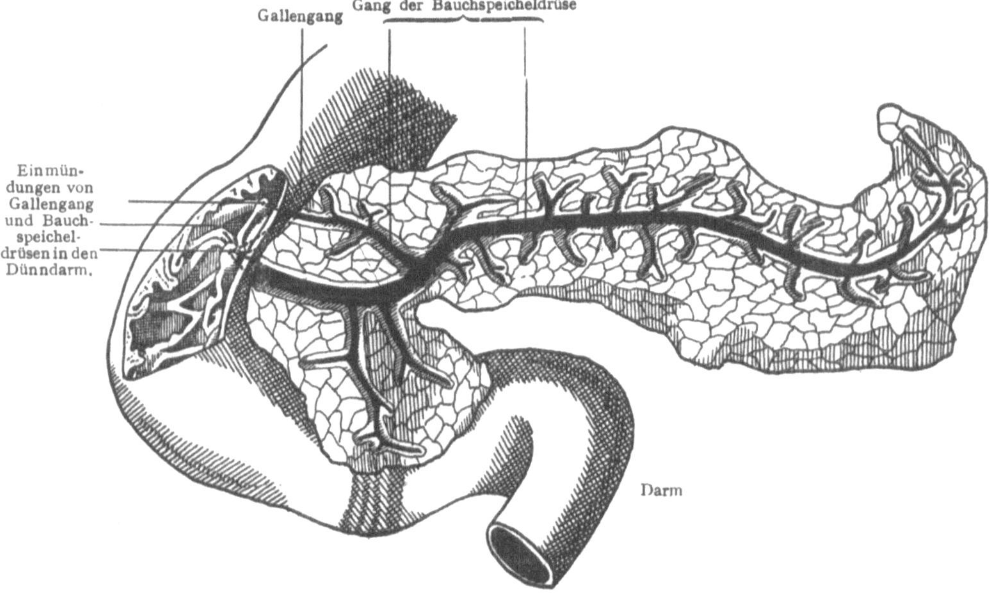

Abb. 8. Zufluß von Galle und Bauchspeicheldrüsensaft in den Dünndarm.

werden von den Drüsen des Magens, des Dünndarms und seinen Anhängen geliefert. Fermente sind Stoffe, die unter anderem einen wesentlichen Bestandteil der Absonderungen großer Drüsen darstellen. Sie besitzen die Fähigkeit, komplizierte chemische Verbindungen in einfachere Teile zu spalten. Wenn eine komplizierte chemische Verbindung wie das Fett dem Körper zur Verfügung gestellt wird, so kann er damit zunächst gar nichts anfangen. Wie ein siebenfach verschlossener eiserner Behälter steht die Verbindung vor dem Körper, und der reichste Inhalt nützt nichts, wenn er sich unangreifbar im Innern des Behälters befindet. Ein Mensch, der neben einem fest verschlossenen Stahlschrank mit Lebensmitteln steht, muß verhungern, wenn es ihm nicht gelingt, das Schloß zu öffnen. Die Schlüssel zur Öffnung der anfänglich unverwertbaren chemischen Verbindungen sind die Fermente. Sie schaffen eine Vereinfachung der Nährstoffe, die dann die Aufsaugung durch die Darmwand und den Anbau und Aufbau an den gewünschten Körperstellen ermöglicht.

Die fettverdauenden Fermente (Lipasen) werden schon vom Magen, in stärkerem Maße aber von den Drüsen des Dünndarms und der Bauchspeicheldrüse, geliefert. Das wichtigste Ferment zur Fettverdauung ist das Steapsin, das im Saft der Bauchspeicheldrüse (Pankreas) vorhanden ist. Dieser Saft wird in den obersten Teil des Dünndarms entleert. Dort trifft er mit der Galle zusammen, und diese ist es, die seine Einwirkung auf die Nahrungsfette erst richtig zur Wirkung kommen läßt (Abb. 8).

Die Galle, die von der Leber erzeugt wird, ist für die Fettverdauung von Wichtigkeit. Bei der Fettverdauung entstehen Fettsäuren. Sie geben, wenn sie mit den gallensauren Salzen zusammentreffen, die chemische Form der „Seifen". In ihnen bilden die noch nicht gespaltenen Fette eine feine Emulsion, das ist eine ganz feine Art der Verteilung. Es handelt sich um ganz kleine Fettkügelchen, die von der Darmwand aufgenommen werden können und weiterhin namentlich durch die vom Darm abführenden Lymphgefäße in den allgemeinen Kreislauf gebracht werden.

Von Bedeutung ist aber auch der unmittelbare Einfluß der Galle auf das fettverdauende Ferment, das Steapsin. Erst durch Dazutreten von Galle wird das Steapsin „aktiviert", d. h. voll zur Fettverdauung befähigt. Es ist ja oft so, daß ein Stoff zwar die Hauptwirkung auf einen anderen ausübt, daß aber zum Inkrafttreten seiner Wirkung erst noch das Dazutreten einer Substanz erforderlich ist, die seine Tätigkeit fördert. Infolgedessen ist auch die Fettverdauung sehr herabgesetzt, wenn der Gallengang durch einen Gallenstein oder eine ähnliche krankhafte Veränderung vollkommen verschlossen ist. Das fettverdauende Ferment der Bauchspeicheldrüse ergießt sich zwar in den Darm; es fehlt jedoch der seine Wirkung auslösende (aktivierende) Einfluß der Galle. Ein Teil des Nahrungsfettes wird daher nicht in eine Form gebracht, die vom Darm aufgenommen werden könnte und geht unverdaut, unbenutzbar mit dem Kot wieder ab.

Der Dickdarm ist nur sehr wenig imstande, Fett zu verdauen und in eine verwertbare Form zu bringen. Das hat sich bei der geringen Verwertbarkeit von Fett in Nährklistieren ergeben. Auch Fett, das unter die Haut (subkutan) eingespritzt wird, kommt nur sehr langsam zur Aufsaugung und damit zur Verwertung. Es sind hier offenbar nicht die geeigneten Fermente vorhanden, die in Magen und Dünndarm das Fett so rasch in eine verwertbare Form bringen.

Nach seiner Spaltung wird das Fett von der Dünndarmwand aufgesogen, resorbiert. Die große Oberfläche des Dünndarms ermöglicht die Aufsaugung großer Fettmengen. Fette, die einen hohen Schmelzpunkt haben (Hammeltalg), werden schwerer aufgenommen, Fette mit niedrigem Schmelzpunkt (Butter) leichter. Nach dem Durchgang durch die Darmwand oder besser während desselben, in der Darmwand, geht die Wiedervereinigung von Glyzerin und Fettsäuren, der Aufbau von Fett, vor sich. Das mit der Nahrung eingeführte pflanzliche oder tierische Fett und das jenseits der Darmwand gebildete menschliche „Neutralfett“ sind also nicht identisch. Die Art der aufbauenden Elemente ist zwar die gleiche geblieben, die Zusammensetzung ist aber eine andere.

In den Lymphbahnen, die vom Darm ausgehen, fließt das Fett ins Blut und mit dem Blut zu den einzelnen Zellen. Die Lymphgefäße, die sich wie die Blutgefäße aus kleinen Gefäßen in größere sammeln und vereinigen, transportieren zum Teil die gleichen Stoffe wie das Blut. Sie bilden eine Art Ergänzungskreislauf zu dem großen Kreislauf des Blutes im Körper (Abb. 9.) Die Lymphgefäße sammeln sich im Innern der Bauch- und

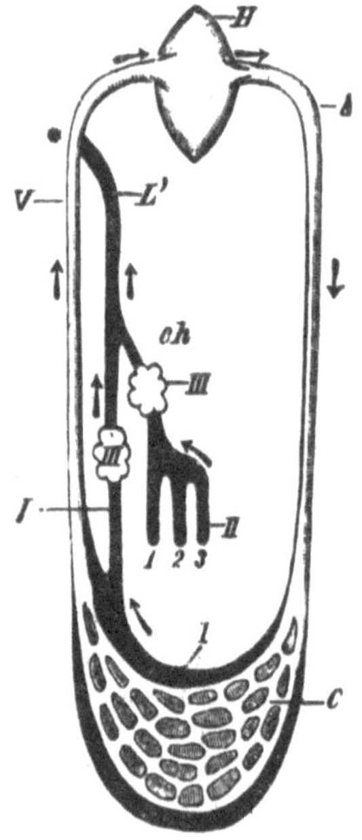

Abb. 9. Gesamtbild des Lymphgefäßsystems. H Herz; A Aorta; C Kapillargebiet; V Hohlvene (Vena cava); L Lymphgefäßstamm; ch Chylusgefäßstamm; L vereinigter Stamm beider Abteilungen; * Mündung des Lymphstammes in das Venensystem; 1, 2, 3 drei Darmzotten; I Kapillargebiet der Lymphgefäße; II Kapillargebiet der Chylusgefäße; III, III Lymphdrüsen.

Brusthöhle zu zwei Hauptstämmen, namentlich dem Brustlymphgang, dem Ductus thoracicus, die schließlich in die großen Hohlvenen und damit ins Blut münden. Die Lymphe enthält im Gegensatz zum Blut besonders reichlich Fett. Nach einer Fettmahlzeit sind in der Lymphe, besonders in dem aus den Baucheingeweiden kommenden Chylus, kleine Fettkügelchen deutlich vermehrt nachweisbar. Der Inhalt des Brustlymphganges wies in einem Versuch in nüchternem Zustand 0,5 % Fettgehalt auf, nach fettfreier Nahrung 6,3 %. Nach fettreichen Mahlzeiten läßt sich auch eine Erhöhung des Fettgehaltes im Blute nachweisen. Durch das Ultramikroskop sind die vermehrten Blutkörperchen im Blut zu erblicken.

Eine Mahlzeit gilt als „schwer verdaulich“, wenn sie fettreich ist. Diese Auffassung ist richtig, denn Fett wird von den Verdauungssäften langsamer verarbeitet als andere Nahrungsmittel. Fette mit hohem

Schmelzpunkt (Hammelfett) oder solche, bei denen das eigentliche Fettgewebe in schwerer angreifbaren Zellen eingeschlossen ist (Speck), werden besonders langsam verdaut.

Nach dem Durchgang durch den Darm wird, so muß man sich vorstellen, dem Körper ein aus Abbau und Wiederaufbau gewonnenes Neutralfett zur Verfügung gestellt. Der Name ist deshalb so gewählt, weil er kennzeichnen soll, daß aus diesem Fett noch alles mögliche werden kann: durch Zusatz und chemische Verschiebungen gewinnt jede einzelne Zelle des Körpers jenes Fett daraus, das ihr spezifisch notwendig ist. Jede Zellart benötigt für ihre Tätigkeit eine eigene Fettart, ein bestimmtes Zellfett, die Leberzelle ein anderes wie die Muskelzelle. Die Zelle muß sich das, was sie braucht, selbst aus dem zufließenden Neutralfett ab- und wiederaufbauen. Auch das geschieht mit Hilfe von Fermenten, die wie den Organen so auch den Einzelzellen zur Verfügung stehen. Hier in den Zellen geht also der innere, der „intermediäre", Stoffwechsel vor sich. Er ist noch wenig erforscht; für das Verständnis der eigentlichen Lebensvorgänge fällt ihm vorläufig die Hauptrolle zu.

Für die spezifischen Leistungen der Zelle muß stets Fett vorhanden sein. Die Anwesenheit von Fett im Körper ist daher ein Lebensbedürfnis. Seine Befriedigung darf nicht von der oft zufälligen Zusammensetzung der Nahrung abhängig gemacht werden. Die Anhäufung gewisser Fettdepots muß einen ungestörten Ablauf des Fettstoffwechsels gewährleisten. Das überflüssige Neutralfett, soweit es bei seinem Einströmen in den Kreislauf nicht benötigt wird, kommt zur Ablagerung und Aufspeicherung in den Fettdepots im Innern des Körpers und vor allem im Unterhautzellgewebe. Im Gegensatz zum Zellfett ist das Depotfett innerhalb bestimmter Grenzen wechselnd zusammengesetzt. Experimentelle Beobachtungen haben gelehrt, daß gewisse körperfremde Fettarten in den Körper einzuführen und dort nachzuweisen sind. Das Fett eines normal gefütterten Hundes enthält ungefähr 66% Ölsäure. Munk fütterte Hunde, die er längere Zeit hatte hungern lassen, mit dem für sie körperfremden Rüböl. Infolgedessen stieg der Gehalt des Körperfettes an Ölsäure bei dem so gefütterten Hund auf 82%. Im Rüböl ist die Erukasäure enthalten, die für gewöhnlich im Fett des Hundes nicht vorkommt. Bei einem Hund, der stark mit Rüböl gefüttert worden war, ließ sich die körperfremde Erukasäure im Depotfett nachweisen. In einem anderen Falle wurde ein Hund lange Zeit mit dem schwer schmelzbaren Hammeltalg gefüttert. Das Depotfett des Hundes hatte danach Eigenschaften angenommen, die es dem Hammeltalg ähnlicher machten. Außerdem hatte es den eigentümlichen Geruch des Hammeltalgs angenommen.

Im Gegensatz dazu blieben bei allen derartigen Versuchen die Zellfette unverändert, wie sich beispielsweise bei der Untersuchung von Fettextrakten aus der Muskulatur ergab. Während also das Depotfett durch die Art der Nahrung zu beeinflussen ist, bleibt die Zusammensetzung des Zellfettes auch bei wechselnden Einflüssen während des ganzen Lebens dieselbe. Auch die Beeinflussung des Depotfettes ist nur in gewissen Grenzen möglich. Wenn man lange Zeit hindurch Katzen und Hunde mit der gleichen Nahrung füttert und beide ordentlich Fett ansetzen, so wird zwischen Katzenfett und Hundefett doch immer ein Unterschied bestehen. Die einzelnen Tierarten unterscheiden sich voneinander auch durch charakteristische Fettarten.

Für den Aufbau des menschlichen Körpers ist offenbar die Art und Zusammensetzung der Nahrung nicht gleichgültig. Man könnte sich denken, daß beispielsweise Geruchssympathien und antipathien, wie sie zwischen verschiedenen Menschenklassen behauptet werden und zweifellos auch bestehen, vielleicht mit Aufbauverschiedenheiten infolge prinzipieller Ernährungsverschiedenheit zusammenhängen. Ein exakter Beweis für diese Annahme dürfte freilich schwer zu erbringen sein.

Das überflüssige Fett, das im Unterhautzellgewebe und in den inneren Fettdepots des Körpers aufgestapelt ist, wird bei Bedarf mit dem Blut den Zellen zugeführt und dort entsprechend verwertet. Die Rolle der einzelnen Organe für den Fettstoffwechsel ist nur zum Teil geklärt. Daß die Leber mit dem Fettstoffwechsel zu tun hat, ist manchen Menschen, die sich sonst nicht gerade mit diesen Problemen befassen, praktisch aus der Entstehungsart der Fett- oder Mastleber bei Gänsen und anderen Tieren bekannt. Diese Tiere werden gemästet, indem in sie zwangsmäßig möglichst viel Nahrung hineingestopft wird, während gleichzeitig ihre Bewegungsfreiheit auf ein Mindestmaß beschränkt wird. Das Fett lagert sich zunächst in den Fettdepots im Unterhautzellgewebe, zwischen dem Muskelfleisch usw. ab. Nach Füllung dieser Fettreservelager kommt es zur Ablagerung von Fett in der Leber. Die Leber bildet einerseits ein Sammellager für Kohlehydrate, die in der Form von tierischer Stärke, Glykogen, hier abgelagert werden, andererseits ist sie ein Stapellager für Fett. Die Fettablagerung kann ebenso bei übermäßiger Fett- wie Kohlehydratfütterung stattfinden. Nach Füllung der Glykogenlager werden nämlich neu zuströmende Kohlehydrate in die konzentriertere Form des Fettes übergeführt und in den Fettlagern aufbewahrt. Über den chemischen Mechanismus dieser Umsetzung ist man noch wenig unterrichtet.

Normalerweise enthält die Leber 2—3% Fett. Bei der Mastfettleber und unter anderen, krankhaften Verhältnissen vermehrt sich dieser Fettbestandteil um das Vielfache. Bei der Mastfettleber handelt es sich um eine erhöhte Fetteinlagerung ins Lebergewebe, also Vermehrung des Depotfettes. Davon zu unterscheiden ist die fettige Entartung der Leber, wie sie am ausgeprägtesten bei der Phosphorvergiftung zustande kommt. Hier gehen die arbeitenden Leberzellen zugrunde und werden durch Fettwucherung ersetzt.

Die Leber ist imstande, mit Hilfe von Fermenten Fette und ihre Teilstoffe, die Fettsäuren, weiter abzubauen. Der im Darm begonnene Abbau des Nahrungsfettes wird also in der Leber weitergeführt. Fett kommt dorthin mit dem Blut der Pfortader, die unmittelbar aus den Darmgefäßen sich sammelt und die einen Teil der abgebauten Nahrungsstoffe zur Leber bringt. Ferner kommt Fett dorthin mit dem Blut des großen Blutkreislaufes, der die Leberarterie zur Leber sendet.

Auch andere Organe spielen im Fettstoffwechsel eine Rolle. Sie ist noch nicht immer klar gestellt. Neuere Forschungen, namentlich französischer Autoren, haben die Bedeutung der Lunge für den Fettstoffwechsel in den Vordergrund gerückt. Das Nahrungsfett ergießt sich in den Lymphbahnen schließlich in die untere Hohlvene. Diese mündet kurz darauf in die rechte Herzhälfte ein, und das rechte Herz schickt sein Blut zur Lunge, von wo es zur linken Herzhälfte und von dort aus in den großen Körperkreislauf fließt. Die Lunge, der die Aufgabe zukommt, das Blut von gasförmigen Ausscheidungen (Kohlensäure) zu befreien und mit neuen Sauerstoff zu versehen, ist also das erste größere Organ, das nach der Durchwanderung durch den Darm mit dem Nahrungsfett in Berührung tritt. Diese Tatsache läßt allerdings an ihre Bedeutung für den weiteren Fettstoffwechsel denken. Die Lunge soll nun, wie entsprechende Untersuchungen ergaben, einen großen Teil des Fettes zurückbehalten.

Eine solche Fähigkeit wird als „Pexie" bezeichnet, d. h. als Festhalten eines Stoffes durch ein Organ. Die „toxikopexische" Tätigkeit der Leber z. B. ist ihre Fähigkeit, Gifte festzuhalten. Die Fähigkeit der Lunge, Fett festzuhalten, wird „Lipopexie" der Lunge genannt. Es ist gelungen, nach einer fettreichen Mahlzeit bei Tieren das Blut in der rechten Herzhälfte, vor dem Einströmen in die Lunge, und nach Rückkehr von der Lunge zu untersuchen. Immer war es vor dem Eintritt in die Lunge fettreicher, muß also dort von seinem Fettgehalt abgegeben haben. Auch sonst hat sich gezeigt, daß die Lunge besonders viel fettspaltendes Ferment besitzt, nächst den Darmdrüsen und der Leber am meisten von allen Organen des Körpers. Diese Untersuchungen haben noch kein endgültiges Ergebnis gezeitigt, haben aber jedenfalls das Augenmerk auf ein ganz neues Gebiet gelenkt. Zum Verständnis des inneren Fettstoffwechsels sind sie jetzt schon nicht mehr ganz zu entbehren.

Reich an Fett ist von den Körperflüssigkeiten die Milch. In ihr ist das Fett in feiner Tröpfchenemulsion enthalten, und diese Eigenschaft macht sie leichter verdaulich, für den ungeübten Darm des Säuglings daher besonders verwertbar. Die Milch erhält ihr Fett zum Teil aus dem mit dem Blut zuströmenden Nahrungsfett, zum Teil aus dem Depotfett. In jedem Fall muß sie das dargebotene Fett noch für ihre spezifischen Notwendigkeiten umstellen. Es gelingt, durch einseitige Darreichung von bestimmten Fettarten das betreffende Fett (Hammelfett, Hanföl) zum Übergang in die Milch zu bringen. Es ist daher zweckmäßig, einer stillenden Mutter Fette verschiedener Art zu geben, wie das ja in der gewöhnlichen gemischten Nahrung schon der Fall ist, ohne daß man besonders darauf achten müßte. Aus der Vielheit dargebotener Fette gewinnt der Körper leichter und vollständiger, was er zum exakten Aufbau seiner Milchart braucht; damit wird auch dem Säugling am besten gedient.

Bei sehr großen Unterschieden in der Ernährung kann sich, wenn sie lange andauern, auch ein Unterschied im Fettgehalt der Milch zeigen. Bei andauernder Unterernährung ist der Fettgehalt der Milch geringer, der Wassergehalt höher, während bei übermäßig reichlicher Kost der Fettgehalt der Milch über die Norm zunehmen kann. Im allgemeinen ist aber der Fettgehalt der Milch sehr wenig von dem Fettgehalt der dargebotenen Nahrung abhängig: es tritt eine Regulation ein, die von den üblichen Schwankungen in der Nahrungszusammensetzung nicht berührt wird. Für die Schonung des empfindlichen Darmes der auf die Milch angewiesenen Neugeborenen ist das von großer Bedeutung.

Ein Organ des menschlichen Körpers gibt Fett ständig ab: die Haut. Die Talgdrüsen der Haut stellen ein scharf gekennzeichnetes, fettreiches Sekret her. Man sagt ihm nach, daß es auf Krankheitskeime schädigend wirkt, also die Schutzrolle der Haut bei Krankheitsbewahrung unterstützt. Auf jeden Fall ist die Anwesenheit von Talg von großer Bedeutung für ihre Geschmeidigkeit und Biegsamkeit, die in weitem Ausmaß gewährleistet sein muß. Man denke nur an die Verschiebungen, Dehnungen und Verkürzungen, die die Haut etwa an den Knöcheln der Fingergelenke unaufhörlich erleidet. Die Bedeutung des Hauttalges wird am klarsten, wenn er im kalten Winter an einer Hand ungenügend abgesondert wird. Schweres Zerspringen und Zerreißen der ungeschmeidigen, spröden Haut ist die Folge. Die Menge des abgesonderten Hauttalges ist nicht groß: sie wird im Zeitraum von 8 Tagen auf rund 100 g berechnet.

Die einzelne Zelle verwendet das ihr zugeführte Neutralfett in mannigfaltiger Weise. Sie ersetzt vor allem das zugrundegegangene Fett ihres eigenen Protoplasmas daraus oder sie baut einen bestimmten Stoff auf, den der Körper gerade benötigt oder sie benützt die in den Fettmolekülen aufgespeicherten Energien zu Arbeitsleistung und Wärmebildung. Um die Energien frei zu bekommen, ist die Aufschließung der in den Fettverbindungen festgelegten Spannkräfte durch Verbrennung (Oxydation) nötig. Derartige Verbrennungen gehen im Körper mit Hilfe des Sauerstoffes im Blut vor sich. Die fettspaltenden Fermente führen den Abbau des Fettes über die Zwischenstufen Glyzerin und Fettsäuren schließlich zu den Endprodukten Kohlensäure und Wasser. Diese Endstoffe bleiben zurück, wie beim Verbrennen eines Stückes Holz ein Häufchen Asche übrig bleibt. Die Asche wird aus dem Ofen ausgekehrt, die Überreste der Verbrennungsprodukte durch Lunge, Haut und Nieren ausgeschieden. Beim Verbrennen des Holzes wurden gebundene Spannkräfte frei: sie wandeln sich in Wärme um und erhitzen den Ofen. Die bei der Verbrennung des Fettes und anderer Nährstoffe freigewordenen Spannkräfte erwärmen den Körper auf seine Durchschnittstemperatur von 36—37° C. Bei Verbrennungen freiwerdende Energien werden auch in Arbeitsleistung umgesetzt. Das Stück Holz, das verbrennt, erhitzt einen Kessel mit Wasser, es bildet sich Dampf, dieser wirkt in geeigneter Form auf eine Maschine ein, sie zieht eine Last — und so dienen die Spannkräfte, die in dem Holz verschlossen waren, auf gewissen Umwegen, aber doch unmittelbar zur Ausführung einer Arbeitsleistung. Vorbedingung ist allerdings nicht nur, daß das Stück Holz vorhanden ist, sondern auch, daß es gelingt, seine Energien frei zu bekommen.

Auch die im Depotfett des Körpers gebundenen Energien müssen auf chemischem Wege (durch innerliche Verbrennung) frei gemacht werden, um wirken zu können. Der Muskel, der arbeitet, etwa der Armmuskel, der beim Tennisspielen unaufhörlich den Ball mit Kraft zurückschlägt, muß in höherem Maße Energien geliefert bekommen, als wenn er ruht. Andernfalls kann er keine Höchstleistung erzielen. Zur raschen Befriedigung seiner Ansprüche dienen zunächst die Reserven an Kohlehydraten, die mit dem Blut von den Muskeln oder von der Leber her kommen und ihm liefern, was er braucht. Hinter diesen „leichten" Reserven der Kohlehydrate stehen aber noch die „schweren" Reserven des Fettes. Wird das Reservefett, das beispielsweise in der Leber aufgestapelt ist, an einer anderen Stelle des Körpers als Brennstoff für Muskeltätigkeit gebraucht, so wird es in der Leber mobilisiert und an die bedürftige Stelle geschickt. Das ist allerdings nicht in der Form von Fett möglich. Das in der Leber gespeicherte Fett wird vielmehr durch ein an Ort und Stelle vorhandenes Leberferment höchstwahrscheinlich zuerst in ein Kohlehydrat (Traubenzucker?) verwandelt. In dieser einfach zu transportierenden und zu verwertenden Form wird es den nach Brennstoffen begehrenden Muskelzellen mit dem Blut zur Verfügung gestellt. Der physiologischen Chemie bleiben hier noch viele ungeklärte Fragen zu lösen.

Das Beispiel mit dem tennisspielenden Muskel ist nur ein Hinweis, wie bei stärkerer Beanspruchung Fett gefordert und verbraucht wird. In Wirklichkeit geht die Anforderung von Verbrennungsstoffen in jeder Sekunde weiter, solange der Körper lebt. Die Zusammenziehungen des Herzmuskels, die Tätigkeit aller Drüsen, die Leitung in den Nerven, die Arbeit aller anderen Körperzellen, sie beanspruchen unaufhörlich die Lieferung von Spannkräften. Durch Anlage von Reserven muß dafür gesorgt sein, daß niemals die geringste Unterbrechung in der Belieferung eintritt. Sie ist lebensnotwendig. Und andererseits ist ohne weiteres zu verstehen, daß gesteigerte Muskelarbeit einen erhöhten Spannkräfteverbrauch, also auch Fettverbrauch im Gefolge hat. Steigerung der körperlichen Tätigkeit ist infolgedessen immer ein wichtiges Mittel zur Abmagerung gewesen. Es muß dabei allerdings dafür gesorgt werden, daß nicht nach Beendigung der Muskelarbeit durch gesteigerte Nahrungszufuhr die angegriffenen Fettdepots wieder ganz gefüllt werden. Der Nachschub soll vielmehr die Lücke nicht mehr ganz ausfüllen. Aus diesen physiologischen Grundlagen geht einleuchtend hervor, daß Körperübungen allein niemals die erwünschte Gewichtsabnahme auf die Dauer herbeiführen können; immer muß der Ernährungsfrage besonderes Augenmerk geschenkt werden.

Es ist ohne weiteres kenntlich, wie die Verbrennung von Kohlehydraten und Fett im Körper — diese Stoffe werden in erster Linie verbrannt, ehe das wichtige Eiweiß für solche Zwecke in Angriff genommen wird — außer Arbeitsleistung auch Wärme liefert. Ein Zimmer ist ungenügend geheizt; der Mann, der darin am Schreibtisch sitzt, friert. Um sich zu erwärmen, macht er einen Spaziergang im Freien, wo 10° Kälte herrschen! Die Muskeln, die am Schreibtisch geruht hatten, müssen beim Spazierengehen arbeiten, um so kräftiger, je schneller gegangen wird. Es müssen ihnen Spannkräftebildner aus den inneren Depots des Körpers geliefert werden. Bei ihrer Verbrennung wird Wärme frei: das äußert sich rasch in starkem Hitzegefühl, das sogar das Ausziehen des schützenden Mantels erzwingt. Der gesteigerte Appetit nach solchem Spaziergang sorgt dafür, daß die angegriffenen Fett- und Kohlehydratdepots im Körper wieder aufgefüllt werden.

Im Fieber muß mehr Wärme erzeugt werden, um die höhere Körpertemperatur (40° C), die zu Heilzwecken den eingedrungenen Krankheitskeim entgegengesetzt wird, aufrecht zu erhalten. Das bedingt einen stärkeren Verbrauch an Spannkräften. Die Reservendepots im Körper werden stark angegriffen. Der Fettverlust eines Körpers, der lange Fieber hatte, ist sehr groß. „Abgezehrt von langer Krankheit" ist nicht ohne Grund ein ständiger Romansatz. Ganz anders ist die Abmagerung bei heftigen Durchfällen zu bewerten. Die häufigen Darmentleerungen bei Darmkatarrhen, Cholera usw. bringen einen außerordentlich großen Wasserverlust des Körpers mit sich. Aus dem Blut und aus allen Geweben wird das Wasser genommen, das mit den Darmausscheidungen entleert wird. Die Folge ist rasches Zusammenfallen aller Gewebe, denen der innerliche Druck durch den Wasserentzug genommen ist: die Muskulatur wird schlaff, die Wangen fallen ein, das Gesicht wird skelettartig. Innerhalb 24 Stunden ist das Körpergewicht um viele Kilogramm geringer geworden. Sobald aber die Schädigung vorbei ist, sobald die Durchfälle aufgehört haben, ersetzt sich das verloren gegangene Wasser wieder, Rundung der Gewebe tritt ein, schnell bessert sich das Aussehen, und das Gewicht kehrt alsbald auf die frühere Höhe zurück. Der Ersatz des Wassers und damit die Wiederherstellung des ursprünglichen Gewichtes geht in wenigen Tagen vor sich, während zum Ersatz des Fettes nach langdauerndem Fieber (auch des im Fieber verlorenen Eiweißbestandes des Körpers), Wochen und Monate nötig sind. Auch unter sonst günstigen Verhältnissen ersetzt sich also der Fettverlust während einer Fieberperiode erst allmählich. Zum Aufbau von Fett ist mehr Arbeit und Mühe nötig als zur Einlagerung von Wasser.

Lange Zeit wurde an der Beantwortung der Frage gearbeitet: Kann der Körper auch aus den Kohlehydraten und dem Eiweiß der Nahrung Fett aufbauen? Die Frage ist schon deshalb wichtig, weil Fett selbst in der Nahrung oft fehlt und sein Aufbau für den Körper doch lebenswichtig ist. Die Frage kann heute bejaht werden.

Die Umwandlung der in der Nahrung enthaltenen Kohlehydrate in Körperfett ist schon lange bekannt. Es kann jemand auch dann sehr dick werden, wenn er nicht übermäßig viel Fett ißt, wohl aber viele Kohlehydrate: Kartoffeln, Süßigkeiten, Mehlspeisen, Bier zu sich nimmt. Bei der Fettmast von Tieren, z. B. der Schweinemast mit Kartoffeln, wird von dieser Tatsache praktisch Gebrauch gemacht. Es ist ferner sicher nachgewiesen, daß sich aus Nahrungseiweiß — unter Abscheidung des stickstoffhaltigen Bestandteils — im Körper Kohlehydrate bilden können. Da nun aus den Kohlehydraten des Körpers sicher Fett aufgebaut werden kann, ist die Überführung von Eiweiß in Fett zum mindesten auf dem Umweg über das Kohlehydratstadium nachgewiesen. Das Wissen von diesen Verwandlungsmöglichkeiten ist für die Diätbehandlung der Fettleibigkeit von Bedeutung: jedes genossene Nahrungsmittel kann als Fettbildner betrachtet werden. Man hat sich die Umwandlung der einzelnen Stoffe in andere so vorzustellen, daß die Nahrungsstoffe erst mit Hilfe von Fermenten so weit abgebaut werden, bis sie gewissermaßen auf einem neutralen Punkt angelangt sind, von dem aus den Zellen ein Aufbau nach beliebiger Richtung möglich ist. Dann wird das aufgebaut, was gerade am nötigsten oder zweckentsprechendsten erscheint. Es kann umgekehrt auch Körperfett zur Kohlehydratbildung im Körper herangezogen werden, wenn sich das als notwendig erweist.

Bedeutung des Körperfettes.

Das Fett ist der große Reservestoff zur Aufrechterhaltung des Wärme- und Arbeitsbetriebes im Körper. Auf engem Raum können in der Form von Fett sehr große Mengen von unverbrauchten Energien eingelagert werden. Im Bedarfsfall stehen sie rasch zur Verfügung. Das Fettpolster bei der Frau ist deshalb stärker, weil es gleichzeitig als Nahrungsreserven für das künftige Kind dient. Das „Aufblühen" der Frau während einer Schwangerschaft hängt mit gesteigerter Ausbildung dieses Reservestoffes für das Kind zusammen.

Fett wie andere konzentrierte Reservestoffe (Glykogen) nützen dem Körper natürlich nur dann, wenn sie rasch und jederzeit in verwertbare Spannkräfte übergeführt werden können. Es ist so, wie wenn ein Mann nur ein Zehnmarkstück im Portemonnaie hat, und er will sich in einem Automatenrestaurant etwas zu essen kaufen. Da nützt ihn das Zehnmarkstück wenig, sondern er kann nur mit Zehnpfennigstücken etwas anfangen. Er muß deshalb sein Goldstück erst in die Scheidemünze umwechseln, die im Automatenrestaurant gangbar ist. So muß auch das Zehnmarkstück des Fettstoffwechsels, das Depotfett, erst in kleinere Scheidemünze, wahrscheinlich sogar in Kohlehydrate, umgewechselt werden, ehe der Zelle damit gedient sein kann. Störungen im Fettstoffwechsel, die eine Verlangsamung dieser Umwechselvorgänge mit sich bringen, müssen für den Körper bedeutungsvoll werden: ihre Verlangsamung und Verzögerung führt zu sogenannter konstitutioneller Fettsucht, bei der auch geringe Nahrungsmengen zu übermäßiger Fettansammlung im Körper führen.

Andererseits wird es niemanden einfallen, zehn Mark nur in Zehnpfennigstücken im Portemonnaie herumzutragen. Aus praktischen Notwendigkeiten wird man sich für hundert Zehnpfennigstücke ein Zehnmarkstück zur Aufbewahrung im Portemonnaie einwechseln. Die Sammlung von Spannkräften erfolgt auch im Körper zweckmäßig und notwendig in den konzentrierten Sammelmünzen von Glykogen und Fett.

An Stellen, wo sie stören und nur als schwierige Belastung wirken würden, z. B. an den Augenlidern, werden die Fettdepots nicht angelegt. Sehr wichtig ist dagegen an anderen Stellen ihre Rolle als Polstermittel. Wer nach langer Krankheit sehr abgemagert ist, weiß, wie unangenehm und schmerzhaft es ist, mit verminderten Fettdepots auf einem harten Stuhl zu sitzen. Erst die Wiederfüllung des Gesäßgewebes mit Fett läßt die Beschwerden verschwinden, weil durch seine Zwischenschaltung der Druck auf Nerven aufgehoben wird. An Sehnen und Gelenken wirkt Fett als Gleitpolster, das den ungestörten Ablauf auch häufig wiederholter Bewegungen ermöglicht.

Fett ist ein schlechter Wärmeleiter, daher ein guter Wärmeschützer. Wie eine isolierende Schicht legt es sich zwischen Muskulatur und kalte Außenwelt. Tiere, die viel im kalten Wasser leben, werden von einer Fettschicht gegen den Wärmeentzug gesichert. Aron hat die Bedeutung des Fettes für den Wärmeschutz bei Neugeborenen untersucht. Nach seinen Feststellungen brauchen neugeborene Hunde, Katzen und Mäuse, die bei der Geburt nur einen geringen Fettgehalt aufweisen, während der ersten Lebenswochen noch des Wärmeschutzes des Muttertieres. Meerschweinchen dagegen brauchen das nicht, weil sich ihr Fettgehalt nicht beträchtlich von dem des ausgewachsenen Tieres unterscheidet. Auch das menschliche Neugeborene ist reich an Fett; wenn es trotzdem erhöhten Wärmeschutzes bedarf, so soll das an einer unvollkommenen Ausbildung des wärmeregulierenden Zentrums im Gehirn liegen. Erwachsene Menschen mit starkem Fettpolster leiden jedenfalls bedeutend weniger unter Kälte als magere Menschen (viel mehr dagegen unter Wärme). Sie können sich auch ohne Schaden und ohne jedes Unbehagen im kalten Wasser tummeln, wenn fettarme Menschen schon längst schaudernd und kälteklappernd das Bad verlassen haben.

4. Praktische Grundlagen der Ernährung.

Was und wieviel an Nahrung braucht man, um gesund zu bleiben?

Die hauptsächlichsten Nahrungsstoffe sind Eiweiß, Kohlehydrate und Fett. Eiweiß ist z. B. das Eiweiß im Ei, das Fleisch (Muskulatur); Kohlehydrate sind Zucker, Brot und Kartoffeln im Hauptteil; Fett ist Butter, Schmalz usw. Die meisten Nahrungsmittel enthalten die drei genannten Nahrungsstoffe gleichzeitig, aber in wechselnder Mengenzusammensetzung. Chemische Analyse läßt genau feststellen, zu wieviel Teilen ein Nahrungsmittel aus Eiweiß, Fett oder Kohlehydraten besteht. Für die praktische Ernährungslehre ist das von großer Bedeutung: die chemische Analyse gibt den klaren Hinweis, welche Nahrungsmittel etwa bei einer kohlehydratarmen Kost, wie sie bei Krankheiten notwendig werden kann, zu vermeiden sind. Die einzelnen Nahrungsstoffe können einander bei der Aufrechterhaltung des Betriebes im Körper in gewissem Maße ersetzen. Nur Eiweiß ist durch Fett oder Kohlehydrate nicht zu ersetzen. Eiweiß enthält Stickstoff, den die anderen Nahrungsstoffe nicht enthalten. Zum Aufbau wie zur Erhaltung des Körpers ist Stickstoff unbedingt erforderlich. Eiweiß ist aber die einzige natürliche Form, in der Stickstoff vom Körper aufgenommen und verwertet werden kann. Es läßt sich denken, daß in einer Kost mehr Kohlehydrate oder mehr Fett gegeben wird. Niemals dagegen läßt sich eine Kost länger durchführen, in der unter eine bestimmte Eiweißmenge herabgegangen wird. Ein Ersatz dieses Eiweißentzuges durch größere Fettmengen oder größere Kohlehydratmengen ist ungleichwertig. In diesen beiden Nahrungsstoffgruppen ist kein Stickstoff enthalten, und so müßte der Körper allmählich an Stickstoff verarmen.

Die Mindestmenge an Eiweiß, die dem Körper zur Erhaltung seines eigenen Eiweißbestandes täglich zugeführt werden muß, nennt man das Eiweißminimum. In Wirklichkeit soll der Körper eine größere Menge Eiweiß erhalten als dieses Mindestmaß, schon damit er in seiner Reservenbildung nicht allzusehr behindert ist. Eine richtige Kostordnung wird also die Eiweißmenge enthalten, die für den Körper am zuträglichsten ist: das Eiweißoptimum. Nur dadurch wird ein Abbau der wertvollsten Substanzen im Körper vermieden, Nerven und Organe auf dem Höchstmaß ihrer Leistungsfähigkeit erhalten. Unter das Eiweißminimum darf auf keinen Fall herabgegangen werden. Unkenntnis dieser Tatsache ist es, die beispielsweise bei Entfettungskuren schwere Schädigungen mit sich bringt. Bei einer Entfettungskur darf lediglich das Fett des Körpers abgebaut werden, nicht aber das Eiweiß.

Wird dem Körper mit der Nahrung zuviel Fett oder Kohlehydrat zugeführt, so erfolgt ihre Aufstapelung in der Form von Fett. Wird dem Körper aber zuviel Eiweiß mit der Nahrung gegeben, so wird es zum Teil (durch den Harn) wieder ausgeschieden, zum Teil aber — vielleicht unmittelbar, vielleicht auf dem Umweg über Kohlehydratbildung — in Fett verwandelt und als solches festgehalten. Eine Erhöhung des Eiweißansatzes im Körper über ein bestimmtes, enggezogenes Maß hinaus, findet nicht statt. Auch hieraus geht hervor, daß bei Abmagerungskuren auf jeden Fall das Fett des Körpers getroffen werden muß, nicht seine lebenswichtigen Eiweißbestandteile.

Die Anforderungen, die Muskelarbeit an die Zufuhr von Spannkräften stellt, werden durch erhöhte Gaben der rasch zersetzlichen Kohlehydrate oder von Fett befriedigt. Mehr Eiweiß braucht hier nicht zugeführt werden. Auch stärkere Muskelarbeit benötigt nicht mehr Eiweiß, nur beim Wachsen des Muskels ist neues Eiweiß zum Aufbau der neugebildeten Muskelfasern nötig. Aber die Hauptmenge Eiweiß wird im inneren Betrieb des Körpers verbraucht, zum Ersatz zugrundegegangener Zellen, zur Bildung der Drüsenabsonderungen usw. Das ist aber bei jedem Menschen gleich, einerlei, ob er viel oder wenig Muskelarbeit zu leisten hat. Der Mann, der schwere Feldarbeit verrichtet, und der Mann, der ruhig an seinem Schreibtisch sitzt, braucht also die gleiche Menge Eiweißzufuhr am Tag, nämlich rund 120 g. Das Eiweißminimum ist für alle erwachsenen Menschen ungefähr gleich. Im Gegenteil: gewisse Beobachtungen lassen darauf schließen, daß der Geistesarbeiter, der also seine Muskeln wenig beansprucht, offenbar etwas mehr Eiweiß zur Erzielung voller Leistungsfähigkeit braucht. Möglicherweise hängt das mit dem Stoffwechsel im Gehirn zusammen, der bisher kaum erforscht ist. Der erhöhte Bedarf des Muskelarbeiters an Spannkräften wird in der Hauptsache durch Vermehrung der Kohlehydrat- und Fettbestandteile der Nahrung gedeckt.

Die übrigen Bestandteile der Nahrung sind der Menge nach gering, aber gleichfalls lebensnotwendig. Es sind das die Salze, aus denen der Körper aufgebaut ist, mit ihren Bestandteilen: Natrium, Kalium, Kalzium, Magnesium, Chlor, Phosphorsäure, Schwefelsäure, Fluor, Eisen und Jod. Gemischte Nahrung enthält im allgemeinen ganz von selbst hinreichend diese Bestandteile. In den tierischen und pflanzlichen Speisen, die der Mensch verzehrt, sind sie enthalten. Je nach dem Gehalt der Nahrung an bestimmten Salzen, z. B. an Kochsalz, ist das Bedürfnis des Körpers nach Wasser gesteigert oder vermindert.

In der Nahrung, so gut man ihre chemischen Bestandteile auch zu kennen glaubte, war noch immer ein unbekannter Bestandteil enthalten. Er hat es verhindert, Nahrungsmittel künstlich aus einfachen chemischen Stoffen so aufzubauen, daß das künstliche Nahrungsgemisch der natürlichen Ernährung gleichwertig wurde. Auch heute noch ist dieses große X in unsere Kenntnis von den Nahrungsmitteln einzustellen. Der unbekannte Bestandteil der Nahrung wird heute als Vitamine bezeichnet. Man versteht darunter Ergänzungsnährstoffe, die chemisch noch unbekannt sind, deren Isolierung noch nicht gelungen ist, die aber lebensnotwendig sind. Der Name Vitamine drückt durch seinen Bestandteil vita — das Leben — diese Bedeutung aus, der andere Bestandteil „amine" ist aus der Zeit zu erklären, als man sich unter den Vitaminen einen Bestandteil des Eiweißes, bzw. seiner Abbaustufen, der Aminosäuren, vorstellte.

Die Bedeutung der Vitamine wurde aus Krankheiten erschlossen, die dann auftreten, wenn ein Mensch oder ein Tier mit bestimmten Nahrungsmitteln allein lange Zeit hindurch ernährt werden, die eben die Ergänzungsnährstoffe nicht enthalten. Je nach der Art der auftretenden Schädigung unterscheidet man drei Arten von Vitaminen: das Vitamin A, B und C. Sie sind in bestimmten Nahrungsmitteln vorhanden, in anderen nicht vorhanden. Die gewöhnliche gemischte Kost braucht auf sie keine Rücksicht zu nehmen, weil die Vielheit ihrer Bestandteile die genügende Zufuhr von Vitaminen gewährleistet. Es ist nun auffallend, daß namentlich die Fette der Nahrung vitaminreich sind. Darin liegt mit ein Grund, warum das Fett der Nahrung nicht ganz durch andere Spannkräftebildner (Kohlehydrate oder Eiweiß) zu ersetzen ist. Von den Fetten sind besonders reich an Vitaminen Butter und Lebertran. Margarine enthält so gut wie keine Vitamine. Es handelt sich bei den Fetten um das Vitamin A, das für das Wachstum der Kinder von Bedeutung ist. Deshalb ist es nicht gleichgültig, ob Kinder mit Butter oder Margarine ernährt werden.

Für die normale Ernährung sind alle drei Spannkräftebildner notwendig, ungeachtet der Tatsache, daß sie im Körper zum Teil ineinanderübergehen und für einander eintreten können. Eiweiß ist schon durch seinen Stickstoffgehalt unersetzlich, Kohlehydrate in der Nahrung müssen rasch zu verwertende Spannkräfte liefern, Fett ist ein ganz besonders ergiebiger Spannkräftelieferer. In kleiner Menge sind bei ihm sehr viel Spannkräfte gebunden, mehr als doppelt soviel als in der gleichen Menge Kohlehydrate. Für die praktische Ernährung ist das sehr wichtig; man müßte außerordentlich große Mengen von Kohlehydraten zuführen, wollte man seinen Spannkräftebedarf nur aus ihnen decken. Gibt man Fett zur Nahrung, so ist das nicht notwendig, und die großen Mengen Nahrung lassen sich auf ein vertragbares Maß zurückführen.

Denn als Spannkräftebildner sind die Nahrungsstoffe einander nicht gleichwertig. Am höchstwertigen ist das Fett. Um einen Vergleich zu ermöglichen, mußten die verschiedenen Werte auf einen gemeinsamen Nenner gebracht werden. Es gibt verschiedene derartige Systeme, am besten bewährt, weil physikalisch am sichersten begründet, hat sich die Berechnung nach Kalorien. Die Nahrungsstoffe werden, wie wir sahen, im Körper mit Hilfe von Sauerstoff verbrannt; die in ihnen gebundene Spannkraft wird als Wärme frei. In der Physik nennt man nun 1 Kalorie (1 Cal) jene Menge Wärme, die erforderlich ist, um 1 kg Wasser um 1° C zu erwärmen. Die Menge Wärme, die bei der Verbrennung eines Nahrungsstoffes erzeugt wird, läßt sich mit diesem Maß vergleichbar feststellen. In geeigneten Apparaten (Kalorimetern) wurden alle Nahrungsstoffe und alle zusammengesetzten Nahrungsmittel auf ihren Verbrennungswert untersucht, d. h. es wurde die Kalorienmenge bestimmt, die sie bei der Verbrennung im Körper liefern. Der Kaloriengehalt läßt unmittelbar ersehen, wieviel Spannkräfte frei werden. Denn alle Kalorien, die bei der Verbrennung erzeugt werden, dienen entweder unmittelbar zur Wärmebildung (Aufrechterhaltung der Körpertemperatur) oder sie werden wie bei der Dampfmaschine in andere Energieformen übergeführt: in Arbeitsleistung. Infolge dieser Untersuchungen ist man über den Kaloriengehalt der Nahrungsmittel jetzt sehr eingehend unterrichtet. Damit ist auch erst eine einheitliche Grundlage für die Berechnung der Nahrungsmenge gegeben. Denn wenn es heißt: eine Nahrung besteht aus 100 g Eiweiß, 500 g Kohlehydraten, 50 g Fett, so ist das eine uneinheitliche Ausdrucksweise, die Vergleiche mit einer anderen Ernährungsform hinsichtlich des Brennwertes, also der Spannkräftelieferung, nicht zuläßt. Liest man jedoch aus einer Tabelle den Kaloriengehalt der betreffenden Stoffe ab, so ist festzustellen, daß die 100 g Eiweiß, 500 g Kohlehydrate und 50 g Fett zusammen einem Kaloriengehalt von 2665 Kalorien entsprechen. Damit ist eine einheitliche Form für die Beurteilung des Brennwertes und damit des Nährwertes einer Nahrung gegeben. Vergleiche mit anderer Ernährung sind möglich. Vermehrung oder Verminderung der Kost kann genau mengenmäßig vorgenommen werden.

Es ist dabei nur zu berücksichtigen, daß die Kalorienmenge allein zur Bestimmung der geeigneten Nahrungszusammensetzung nicht ausreichend ist. Es muß vielmehr außerdem darauf geachtet werden, daß ein bestimmter Teil dieser Kalorien durch Eiweiß gedeckt wird. Denn da Eiweiß als einziger Nahrungsstoff den lebensnotwendigen Stickstoff enthält, darf das erwähnte Eiweißminimum in der Nahrung nicht unterschritten werden.

Salze, Wasser usw. enthalten keine berücksichtigenswerten Mengen an Spannkräften. Bei der Wertberechnung einer Nahrung kann man sich daher auf die Feststellung des Wertes der in ihr enthaltenen Menge an Eiweiß, Fett und Kohlehydraten beschränken. Diese sind nun nicht gleichwertige Spannkräftelieferer. Es liefert vielmehr

1 g Kohlehydrat	4,1	Kalorien
1 g Fett	9,3	„
1 g Eiweiß	4,1	„

Während also Kohlehydrate und Eiweiß der Menge nach gleichwertige Energieträger sind, ist das Fett ein besonders starker Energiespender. Die Einnahme und Verbrennung der gleichen Menge Fett würde mehr als doppelt soviel Spannkräfte liefern als Eiweiß oder Kohlehydrat. Darin liegt auch die große Bedeutung des Nahrungsfettes. Man braucht nur verhältnismäßig wenig Fett zu essen, um seinen Energiebedarf zu decken und Überschüsse (in Form von Fettansatz im Körper) zu erzielen. Deshalb ist es so leicht, mit fettreicher Kost einen Körper zur Gewichtszunahme, zum Fettansatz zu bringen, und so schwer, ja fast unmöglich, mit fettarmer Kost Gewichtszunahme herbeizuführen. Fett sättigt auch schnell (es hat einen hohen „Sättigungswert"), d. h. es ruft rasch das Gefühl hervor, daß genug Nahrung eingeführt worden ist. Infolge dieser Eigenschaften braucht ein Mensch, der viel Fett ißt, nur wenig Mahlzeiten zu machen, um leistungsfähig und satt zu sein. Rubner hat auf die Unersetzlichkeit des Fettes für die arbeitende städtische Bevölkerung aufmerksam gemacht. Der Fabrikarbeiter ist gar nicht in der Lage, seinen oft gewaltigen Kalorienbedarf hauptsächlich mit Kohlehydraten (Brot, Kartoffeln) zu decken; im Gegensatz zum Landbewohner ist weder sein Appetit noch seine Verdauung darauf eingerichtet. Er muß einen Teil seines Kalorienbedarfes (ca. $^1/_5$) mit dem wenig Raum einnehmenden und leichtverdaulichen Fett decken. Dazu kommt der Wohlgeschmack des Fettes, seine bequeme Verwendbarkeit in der Küche und als Brotaufstrich. Namentlich der letztere Umstand hat in den großen Städten, wo nicht immer Zeit und Gelegenheit zu warmen Mahlzeiten gegeben ist, die Bedeutung des Fettes als Nahrungsmittel steigen lassen. Dieser Entwicklungsgang ist durch den Ruf nach Rückkehr zu sogenannter „natürlicher" Ernährung nicht zu verändern; zum mindesten nicht, solange nicht auch die sonstige Lebensgestaltung den Forderungen naturgemäßen Lebens angepaßt werden kann.

Lebensgewohnheiten werden durch äußere Umstände, durch dargebotene Möglichkeiten entscheidend beeinflußt. Die Brennwerte des Fettes halten lange nach. In kalten Ländern wird deshalb viel Fett gegessen. Den Eskimos stehen nach Heiduschka nur wenig Kohlehydrate zur Verfügung. In ihrem kalten Lande brauchen sie viel Wärme, ihr Fettverbrauch ist daher groß. Im Gegensatz dazu ist bei den Japanern der Wärmeverbrauch wesentlich geringer. Es stehen ihnen viel Kohlehydrate zur Verfügung, die sie auch benützen. So haben sie nur geringe Mengen Fett in der Nahrung nötig.

Wieviel Kalorien braucht der Mensch?

Mit der Nahrung müssen mindestens so viel Kalorien zugeführt werden als im Körper verbraucht werden. Der Kalorienverbrauch wird durch Wärmebildung, inneren Betrieb des Körpers, Arbeit bedingt. In Zeiten des Wachstums oder im Anschluß an zehrende Krankheiten müssen mehr Kalorien zugeführt als verbraucht werden; denn hier muß noch Aufbau von neuem Gewebe erfolgen. Witterung und Klima, Temperament und Lebensenergie beeinflussen den Kalorienbedarf, ebenso bestimmte Zustandsveränderungen (Krankheit, Schwangerschaft usw.). Besonderen Einfluß hat die Größe der geleisteten körperlichen Arbeit.

Trotz allen neueren genauen Untersuchungen haben die erstmals von Voit aufgestellten Zahlen für den Bedarf an Nährstoffen nach wie vor praktisch die größte Bedeutung. Es handelt sich im allgemeinen nur um Näherungswerte, und dafür sind sie ausgezeichnet zu verwerten. Ein erwachsener kräftiger Mann bei mittlerer körperlicher Arbeit braucht täglich

118 g Eiweiß, 56 g Fett, 500 g Kohlehydrate.

Diese Nahrungsmenge stellt einen Brennwert von rund 3000 Kalorien dar.

Entsprechend ihrem geringeren Körpergewicht und der weniger intensiven körperlichen Arbeit braucht die Frau eine kleinere Nahrungsmenge. Das Körpergewicht der Frau beträgt durchschnittlich $^4/_5$ von dem des Mannes, ihr Kalorienbedarf entsprechend am Tag rund 2400 Kalorien. Voit hat für einen weiblichen Arbeiter als Kost angegeben: 94 g Eiweiß, 45 g Fett, 400 g Kohlehydrate, das entspricht 2444 Kalorien.

Der Beruf hat infolge der verschiedenen körperlichen Umsätze großen Einfluß auf den Nahrungsbedarf. Eine Tabelle bei Kestner und Knipping läßt den Kalorienbedarf der verschiedenen Berufsarten erkennen.

1. Gruppe: Sitzende Beschäftigung. Kopfarbeiter, Kaufleute, Schreiber, Beamte, Aufseher	2200—2400 Kalorien	
2. Gruppe: Sitzende Muskelarbeiter. Schneider, Feinmechaniker, Setzer, auch Gehen und Sprechen (wie Lehrer)	2600—2800 „	
3. Gruppe: Mäßige Muskelarbeit. Schuhmacher, Buchbinder, auch Ärzte, Briefträger, Laboratoriumsarbeit	um 3000 „	
4. Gruppe: Stärkere Muskelarbeit. Metallarbeiter, Maler, Tischler	2400—3600 „	
5. Gruppe: Schwerarbeiter	4000 „	und mehr
6. Gruppe: Schwerstarbeiter	5000 „	und mehr.

Menschen, die berufsmäßig den ersten Gruppen angehören, können durch Sporttreiben in die höheren Gruppen kommen. Sport ist nicht selten Schwerarbeit oder Schwerstarbeit. Es ist zu verstehen, daß bei der Ausarbeitung von Entfettungskuren auf diese individuellen Verhältnisse weitgehend Rücksicht genommen werden muß.

Berufstätige Frauen, die nähen, schreiben oder im Bureaudienst tätig sind, gehören im allgemeinen an die untere Grenze von Gruppe 1. In Gruppe 2 gehören gewerblich tätige Frauen, außerdem viele Hausfrauen, die Dienstboten halten und dadurch körperlich entlastet werden. In Gruppe 3 gehören die Dienstboten und die Hausfrauen ohne Dienstbotenhilfe. Bei Frauen, die Sport treiben, ist der Kalorienbedarf entsprechend höher.

Kinder richten sich in ihrem Kalorienbedarf nach dem Alter, bzw. der Körpergröße. Der tägliche Kalorienbedarf bei Kindern wird von Kestner und Knipping mit folgenden Zahlen angegeben:

Alter	Knaben	Mädchen	Alter	Knaben	Mädchen
1 Jahr	800 Kalorien	800 Kalorien	9 Jahre	2100 Kalorien	1900 Kalorien
2 Jahre	1000 „	1000 „	10 „	2300 „	1900 „
3 „	1100 „	1100 „	11 „	2600 „	1900 „
4 „	1300 „	1300 „	12 „	2600 „	2000 „
5 „	1500 „	1500 „	13 „	2600 „	2000 „
6 „	1600 „	1600 „	14 „	2800 „	2100 „
7 „	1600 „	1600 „	15 „	2800 „	2300 „
8 „	1800 „	1800 „	16 „	2800 „	2300 „

Für praktische Berechnungen kann die Errechnung der Kalorienmenge auf das Körpergewicht notwendig werden. Es gelten bei mittlerem Ernährungszustand als notwendig für den Erwachsenen

rund 30—35 Kalorien pro Kilogramm bei Bettruhe,
„ 32—35 „ „ „ „ Zimmerruhe,
„ 35—40 „ „ „ „ leichter Arbeit,
„ 40—50 „ „ „ „ mittlerer körperlicher Arbeit,
„ 45—60 „ „ „ „ angestrengter körperlicher Arbeit.

Namentlich zu Vergleichszwecken kann diese Art der Berechnung sich als sehr nützlich erweisen.

Mit dem Körpergewicht und der daraus bezogenen Kalorienmenge allein läßt sich der notwendige und zuträgliche Kalorienbedarf nicht richtig berechnen. Denn auch auf das „tote Gewicht" übermäßigen Fettansatzes würde sich eine solche Berechnungsart erstrecken, und die Nahrungszufuhr infolgedessen viel zu groß werden. Hier muß auf das Normalgewicht oder Idealgewicht zurückgegriffen werden, wie es beispielsweise aus der Formel auf S. 16 zu errechnen ist. Auf dieses ist dann die Berechnung der notwendigen Kalorien zu beziehen.

Das Eiweiß in der Nahrung ist dagegen von dem Körpergewicht ziemlich unabhängig. Die Voitsche Zahl von 118 g Eiweiß wird von manchen als zu hoch bezeichnet. Sie ist das aber durchaus nicht, wenn man nicht nur eine Nahrungszusammensetzung erstrebt, bei der das Dasein gerade noch gefristet werden kann, sondern bei der auch wirkliche Leistungsfähigkeit und dauerndes Wohlbefinden gegeben ist. Für härtere Arbeit hat Voit selbst größere Zahlen wie der Kalorien- so der Eiweißzufuhr angegeben: für den Soldaten im Manöver (starke Arbeit) 135 g, für den Soldaten im Krieg (angestrengte Arbeit) 145 g Eiweiß. Die Eiweißfrage hat in sozialen Kämpfen eine Rolle gespielt, weil der arbeitenden

Bevölkerung ein Mindestmaß von Eiweiß in der Nahrung gewährleistet werden muß, und Eiweiß ist ein ziemlich teurer Stoff. Manche Veröffentlichungen über diese Frage sind daher nicht frei von Interessenpolitik und für eine sachliche Beurteilung nicht zu verwerten. Psychologische Untersuchungen haben gezeigt, daß gerade auch geistige Arbeiter, bei denen man das vielleicht nicht erwarten sollte, einen etwas höheren Eiweißbedarf zur Erzielung voller Leistungsfähigkeit haben als andere, mehr körperlich arbeitende Berufe. Die Vorgänge im Gehirn verlaufen zweifellos besser, wenn das mit der Ernährung geschaffene allgemeine Umgebungsmedium nicht an irgendwelche unteren Grenzwerte gebunden ist.

Selbständige Regelung der Nahrungszufuhr.

Der Körper, der sich selbst und seinen Wünschen überlassen ist, wird natürlicherweise das ausfindig machen, was für ihn am besten ist. Man merkt das an kleinen Kindern, die im allgemeinen besser wissen, was ihrem Körperchen zuträglich ist als unvernünftige Eltern, die ihnen Falsches und Zuviel aufdrängen wollen. Das Kind ergreift, wenn alle vorherigen Bemühungen nichts nützen, ein Radikalmittel gegen Überfütterung: es bricht sich.

Auch der Erwachsene fährt am besten, wenn er auf die Stimmen und Empfindungen in seinem Innern achtet. Ekel und Abscheu hindern ihn, etwas Verdorbenes zu essen. Das Gefühl der Sättigung stellt sich ein, wenn der Nahrungsbedarf gedeckt ist. Das Gefühl des Hungers ruft und zwingt die Nahrungszufuhr herbei. Der Appetit sorgt dafür, daß von allen Speisen jene ausgewählt werden, die dem gesunden Körper am meisten angemessen und notwendig sind. Durch diese Triebe wird auch übermäßige Abmagerung und übermäßiges Dickwerden unter normalen Verhältnissen verhindert. Allzu „appetitliche“ Auswahl und Zubereitung der Speisen kann freilich dazu führen, mehr zu essen, als der Hunger verlangt, und das bewirkt dann auch übermäßigen Stoffansatz im überladenen Körper.

Die verschiedene Zusammensetzung jedes einzelnen Körpers (den Mengenverhältnissen nach) läßt das verschiedene Bedürfnis nach bestimmten Nährstoffen, den Salzen, nach verschiedenem Geschmack der Speisen verständlich erscheinen. Der Appetit ist hier eine merkwürdige, nicht ganz erklärbare Begleiterscheinung des Hungers und der Verdauung. Eine Speise, mit Appetit genossen, wird besser verdaut, besser ausgenutzt. Das kommt daher, daß mit dem Eintreten von Appetit sich die Verdauungssäfte stärker ergießen. Einem Menschen, der am Tisch sitzt und das Auftragen eines „appetitlichen“ Gerichtes beobachtet, „läuft das Wasser im Munde zusammen“, d. h. es findet schon bei dem bloßen Anblick oder Geruch eine stärkere Absonderung der Speicheldrüsen statt. Ebenso wird alsbald auch die Magensaftabsonderung angeregt. Pawlow konnte das anschaulich an Hunden zeigen, bei denen eine Magenfistel angelegt war, so daß der abgesonderte Magensaft unmittelbar aufgefangen werden konnte. Sobald diese Hunde ein Stück Fleisch in das Maul nahmen, wurde die Magensaftabsonderung stärker. Die gleiche Wirkung wurde jedoch auch erzielt, wenn den Hunden das Stück Fleisch nur gezeigt oder vor die Nase gehalten wurde. Die Anregung der Appetitsaftabsonderung im Magen schon durch seelische Einflüsse ist wichtig, weil dadurch die Einwirkung der verdauenden Säfte auf die Speisen schon in dem Augenblick voll einsetzen kann, wenn sie in den Magen gelangen. Abkürzung der Verdauung, kürzere Verweildauer im Magen ist aber für das Allgemeinbefinden förderlich. Der Brauch, hübsch zu servieren, ein sauberes Tischtuch aufzulegen, überhaupt das Essen „appetitlich" zu gestalten, liegen daher nicht nur Schönheits-, sondern vor allem Gesundheitsbestrebungen zugrunde. Wenn „einem der Appetit vergeht", so versiegt gleichzeitig die bis dahin kräftige Magensaftabsonderung. Jeder weiß, daß einem Menschen, dem eine Kost nicht mundet, der sie ohne Appetit und Freude ißt, diese Kost auch nicht „anschlägt", daß er nicht an Gewicht zunimmt. Er nimmt zu wenig zu sich, und dieses wenige wird nicht voll ausgenützt.

Wodurch das Hungergefühl angeregt wird, ist fraglich. Man hat den Füllungszustand des Magens dafür verantwortlich gemacht. Durch Nerven, die bei vollem oder leerem Magen in verschiedener Weise gereizt werden, soll das Gefühl des Hungers hervorgerufen sein, vielleicht auch durch den Druck oder Nichtdruck, der auf das unterhalb des Magens liegende Zwerchfell ausgeübt wird. Diese lange gültige Annahme ist aber neuerdings doch sehr unsicher geworden. Es hat sich gezeigt, daß Hungergefühl auch dann schwindet, wenn dem Körper durch Einspritzen von künstlichen Nahrungsgemischen in die Blutadern Nahrung zugeführt wird. Es ist das ebenso, wie Durstgefühl vergeht, wenn durch Einspritzen von Flüssigkeit in die Blutadern oder Eingießungen in den Darm die verlorene Flüssigkeit wieder ersetzt wird. Diese Beobachtungen weisen darauf hin, daß das Hungergefühl nicht eigentlich vom Magen ausgeht, sondern von den nahrungsbedürftigen Geweben, und daß vielleicht der Magen nur das „Erfolgsorgan" darstellt, auf das durch Nervenübertragung die über den ganzen Körper verteilten Hungerreize konzentriert werden und von wo aus sie zum Bewußtsein gelangen.

Aus dem gleichen Grund ist es fraglich, ob das Sättigungsgefühl nach einer ausreichenden Mahlzeit lediglich mit Empfindungen, die vom Magen ausgehen, zusammenhängt. Der Füllungszustand des Magens kann dafür allein jedenfalls nicht verantwortlich gemacht werden. Eine kleine, fett- und eiweißreiche Mahlzeit sättigt stärker als große Mengen von Kohlehydraten, obwohl im letzteren Fall die Füllung des Magens zweifellos viel größer ist. Der Magen läßt sich durch umfangreiche, aber nährwertarme Gerichte keinen blauen Dunst vormachen. Die Absonderung geeigneten Magensaftes, insbesondere das Auftreten saurer Reaktion im Magen, spielt bei eintretendem Sättigungsgefühl eine wichtige Rolle. Sättigende Nahrungsmittel lassen die Verdauungsdrüsen längere Zeit arbeiten. Stark sättigende Nahrungsmittel sind daher vielfach „schwer", d. h. sie entschwinden nicht so rasch aus dem Magen und den oberen Teilen des Dünndarms. Nährwert und Sättigungswert eines Nahrungsmittels sind nicht gleich. Für die subjektiven

Empfindungen ist aber der Sättigungswert von großer Bedeutung. Während beispielsweise zwei Tassen Tee $1^1/_2$ Stunden im Magen weilen, also sehr geringen Sättigungswert besitzen, verweilen 2 Tassen Kakao über 3 Stunden im Magen. Weiche Eier bleiben $1^1/_2$ Stunden, harte $2^1/_2$ Stunden im Magen. Der Nährwert ist hier der gleiche, der Sättigungswert verschieden. Der Sättigungswert hängt auch von der Menge des durch ein Nahrungsmittel abgesonderten Magensaftes ab. Hier zeigt sich deutlich, wie verschieden das bei verschiedenen Menschen sein muß. Dem einen mundet ein Gericht vortrefflich, Appetit, Verdauungssaftabsonderung, Sättigungsgefühl werden stark angeregt, beim andern ist das Gegenteil der Fall. Alle schematischen Angaben, Tabellen usw. über Ernährung gewinnen daher erst dann praktischen Wert, wenn sie in jedem Einzelfall den tatsächlichen Verhältnissen angepaßt werden.

In der folgenden großen Übersichtstabelle (S. 40) wird ein Überblick über Kaloriengehalt und Zusammensetzung der einzelnen Nahrungsmittel gegeben. Bei jeder Aufstellung einer Ernährungsform, bei Abstrichen und Zusätzen wird diese Tabelle zu Rate gezogen werden müssen.

In der Tabelle ist der Kaloriengehalt, der Eiweiß-, Fett- und Kohlehydratgehalt der Nahrungsmittel, berechnet auf je 100 g des Nahrungsmittels, angegeben. Bei Speisen, die in der Küche zubereitet werden, sind nur Durchschnittsangaben möglich. Geröstete Kartoffeln z. B. können mit viel oder wenig Fett hergestellt werden. Je nachdem verändert sich der Nährwert. Genau ist er nur festzustellen, wenn bekannt ist, wieviel Fett zur Röstung der Kartoffeln verwandt wurde. Die Angaben beziehen sich, soweit nicht aus der Art der Speise schon das Gegenteil hervortritt, auf die unzubereiteten, käuflichen Lebensmittel. Dabei sind aber grob störende Bestandteile rechnerisch schon entfernt. Es ist also der Wert des Fleisches ohne Knochen und große Sehnen angegeben, der Gemüse ohne große Strünke usw. Trotzdem darf man nicht denken, daß die angegebenen Kalorien- usw. -Werte nun wirklich ziffernmäßig im Körper zur Verwendung gelangen. Das ist ja schon deshalb nicht möglich, weil ein Teil unausgenützt mit den Darmentleerungen den Körper wieder verläßt, bei manchen zellulosereichen Nahrungsmitteln sogar ein recht beträchtlicher Teil. Auch hier wie bei den meisten Tabellen handelt es sich nicht um absolut, sondern um relativ brauchbare Angaben, die Vergleichswerte sicher ermöglichen.

Nach der Tabelle lassen sich die Nahrungsmittel in eine Kostordnung dem Brennwert und der Zusammensetzung nach einfügen. Es wäre verfehlt, sich sklavisch genau an die angegebenen Ziffern zu halten. Die Kalorienwerte sind durch Berechnung der Verbrennungswerte im Verbrennungsapparat (Kalorimeter) gefunden. Im Körper werden nur wenige Nahrungsmittel vollständig verbrannt. Ein kleinerer oder größerer Teil bleibt unverwertet. In manchen Tabellen werden als Kalorienwerte daher jene Werte angegeben, die im menschlichen Körper wirklich zur Verwertung gelangen. Sie wurden in der hier vorliegenden Tabelle nicht übernommen. Der Grund war nicht der, daß die „wirklich verwertbaren Kalorienwerte" vielfach nur auf ungefähren Schätzungen beruhen sollen. Sondern es geschah, weil

Tabelle über Kaloriengehalt und Zusammensetzung der Nahrungsmittel.

	100 g des Nahrungsmittels enthalten			
	Eiweiß g	Fett g	Kohlehydrate g	Kalorien
A. Tierische Nahrungsmittel.				
Milch- und Milcherzeugnisse.				
Frauenmilch	1—2	2—4	6—7	48
Kuhmilch (Vollmilch)	3,4	3,4	4,7	65
Rahm (Kaffeerahm)	3,4	10	4,0	123
Magermilch	3,4	0,1	4,7	34
Buttermilch	3,4	0,5	4,7	38
Sauermilch	3,4	3,6	3,5	62
Ziegenmilch	4,0	3,6	4,3	68
Kefyr	3,2	2,2	0,8 (1,3 Alkohol)	45
Kondensierte Milch (gezuckert, auf $^1/_3$ eingeengt)	9	9	53	338
Trockenmilch	26	26	37	500
Käse.				
Rahmkäse (Gervais, Neufchâtel, Stilton, Brie, Strachino)	16	37	1,7	416
Fettkäse (vollfetter Camembert, Holländer, Edamer, Emmentaler, Schweizer, Roquefort, Gouda, Münster, Tilsiter)	26	30	2,1	394
Halbfettkäse (halbfetter Camembert, Edamer, Gouda, Limburger, Parmesan, Romadur, Tilsiter)	31	14	2,5	267
Magerkäse (Mainzer Handkäse, Harzer, Thüringer, Bierkäse, magerer Limburger, Romadur)	38	2	3	186
Eier und Eierspeisen.				
Hühnerei	14	11	0,6	162
Das Weiße vom Ei	13	0,3	0,7	59
Eigelb	16	31	0,5	356
1 Ei = etwa 50 g	=7	5,5	0,3	81
1 Eiweiß = etwa 30 g	=3,8	0,07	0,2	17
Rührei, ohne Mehl	10	17	0,5	200
Eierkuchen	7,3	15,8	26,4	285
Fleisch.				
Rindfleisch, fett	19	25	Spur	310
Rindfleisch, mager	21	4	„	123
Kalbfleisch, fett	19	11	„	180
Kalbfleisch, mager	22	3	„	118
Schaf-(Hammel-)Fleisch, mittelfett	19	7	„	141
Schweinefleisch, fett	16	34	„	382
Schweinefleisch, mager	21	7	„	151
Schinken	25	36	„	437
Lachsschinken	23	3	„	122
Geräucherter Speck, durchwachsen	14	51	—	530

	100 g des Nahrungsmittels enthalten			
	Eiweiß g	Fett g	Kohlehydrate g	Kalorien
Fleisch (Fortsetzung).				
Lunge	18	3	—	102
Herz von Rind, Kalb, Schaf	17	12	—	181
Niere	18	5	—	120
Leber	21	6	0,2—3,8	142
Kalbsmilch (Bries)	28	0,4	—	118
Kalbshirn	9	9	—	120
Hasenfleisch	23	1	Spur	103
Hirschfleisch	21	4	"	123
Rehfleisch	20	2	"	101
Huhn, fett	19	9	"	162
Gans, fett	14	44	"	466
Geräucherte Ochsenzunge	35,2	45,8	"	570
Corned Beef in Büchsen, fett	25	19	"	279
Corned Beef in Büchsen, mager	22	5	"	137
Bouillon	0,7	0,6	—	8
Fette Bouillon	0,7—5,0	2—16	—	50—175
Würste.				
Leberwurst, beste Sorte	14	33	Spur	364
Leberwurst, mittlere Sorte	14	23	"	271
Leberwurst, geringe Sorte	13	10	"	146
Blutwurst, beste Sorte	14	32	"	355
Blutwurst, geringe Sorte	22	1	"	100
Wiener Würstchen	14	14	"	188
Frankfurter Würstchen	12	35	"	374
Zervelatwurst	24	46	"	526
Salamiwurst	28	48	"	560
Mettwurst	19	41	"	459
Fische.				
Scholle, Flunder	16	1	—	75
Schellfisch, Kabeljau, Dorsch	16	0,3	—	68
Aal	12	28	—	309
Karpfen	17	9	—	154
Hecht, Schleie, Zander	18	0,4	—	77
Forelle	18	2,4	—	98
Austern	5,9	1,1	—	50
Kaviar	26,5	14,3	—	241
Flunder, geräuchert	23	1	—	103
Bückling (geräucherter Hering)	20	10	—	175
Salzhering	20	17	—	240
Hering, mariniert	19	15	—	218
Stockfisch, getrocknet	77	3	—	343
Geräucherter Lachs	24,2	11,9	—	211
Kieler Sprotten	22.7	15,9	—	245
Sardellen, gesalzen	22,3	2,2	—	112

	100 g des Nahrungsmittels enthalten			
	Eiweiß g	Fett g	Kohlehydrate g	Kalorien
B. Tierische und pflanzliche Fette.				
Butter, ungesalzen	0,8	84,5	0,5	791
Butter, gesalzen	0,6	83,8	0,5	784
Butterschmalz	0,1	99,5	—	926
Schweineschmalz	0,1	99,5	—	926
Talg (Rind, Hammel)	0,1	99,5	—	926
Lebertran	0,1	99,5	—	926
Margarine, ungesalzen	0,5	83	0,5	776
Margarine, gesalzen	0,5	82	0,5	767
Margarineschmalz	0,1	99	0,1	922
Kunstspeisefett	—	99	—	921
Pflanzenfette (Palmin, Kokosfett usw.)	—	99,8	—	928
Pflanzenöle (Olivenöl, Leinöl, Erdnußöl usw.)	—	99,5	—	925
C. Pflanzliche Nahrungsmittel.				
Mehle und Teigwaren.				
Roggenmehl	8	1,5	74	350
Weizenmehl	12,4	1,6	70	353
Gerstenmehl	10	1,4	74	357
Weizengrieß	11,5	0,7	76	365
Gerstengrieß	12	2,3	71	362
Hafergrütze, -flocken, -mehl	14	6,7	65	386
Reis	8	0,5	77	354
Maismehl	9	2,1	75	364
Buchweizenmehl	8	2,1	74	355
Wassernudeln	12	0,7	73	355
Eiernudeln	14	2,4	69	362
Makkaroni	13	0,7	73	359
Brot und Gebäck.				
Pumpernickel	7,6	1,1	44	222
Roggenvollkornbrot	7,8	1,1	46	231
Soldatenbrot	6,5	1,0	51	245
Helleres Schwarzbrot	6	0,8	54	253
Weizenvollkornbrot (Grahambrot)	8,9	1	46	234
Gröberes Weizenbrot	8,4	0,9	49	244
Feinere Weizenbrötchen, ohne Milch	6,8	0,5	57	266
Feinere Weizenbrötchen, mit Magermilch	8,1	0,6	57	273
Zwieback, mit Magermilch	13	6,2	71	402
Keks	7	10,4	73	425
Biskuit	11,9	7,5	68,7	400
Diabetikerbrot	24	0,4	29	221
Lebkuchen	4	3,6	83,1	340
Mehlspeisen.				
Grießbrei	4,5	3	22	136
Milchbrei	5—8	3	3,5—28	65—196
Mondaminbrei	0,6	4	21	125
Spätzle	7,2	6	32	216
Semmelpuding	7,3	6,7	36,5	242
Flammeri	3,3	3,6	19,3	126
Auflauf	8,7	6,2	15,8	158

	100 g des Nahrungsmittels enthalten			
	Eiweiß g	Fett g	Kohlehydrate g	Kalorien
Suppen.				
Reissuppe	0,7	0,3	6,8	33
Kartoffelsuppe	1,2	2	7,7	55
Erbsensuppe	4	0,3	9	56
Schleimsuppe	0,9	3	4,6	50
Brotsuppe	3,9	4	19	131
Nudelsuppe	0,9	0,1	8,4	39
Kräutersuppe	1,6	3	8,6	70
Bouillon ohne Fett	0,7	0,6	—	8
Kartoffeln und Stärke.				
Kartoffel, roh oder gekocht	2,1	0,1	21	96
Kartoffel, geröstet	2,6	9,3	26,2	215
Kartoffelbrei	3	0,9	21	108
Kartoffelsalat	1,6	9,2	17,6	164
Kartoffelgemüse	1,6	3,6	19,2	118
Kartoffelmehl	0,9	0,1	80	333
Stärkemehle (Tapioka, Sago)	1	—	82	361
Getrocknete Hülsenfrüchte.				
Gartenbohnen, mit Schale	24	2	56	347
Bohnenmehl	23	2	59	355
Erbsen, geschält; Erbsenmehl	26	2	57	359
Linsen	26	2	53	343
Sojabohnenmehl, entfettet	50	0,3	33	343
Gemüse und Salat.				
Karotten	1	Spur	9	41
Möhren	1	„	9	41
Kohlrüben	1	„	7	33
Teltower Rübchen	3	„	12	61
Rote Rüben	1	„	7	33
Schwarzwurzel	1	„	15	66
Spargel, geschält	2	„	2	16
Sellerieknollen	1	„	9	41
Radieschen	1	„	4	20
Rettich	2	„	8	41
Meerrettich	3	„	15	74
Zwiebeln	1	„	9	41
Knoblauch	7	„	26	135
Schnittlauch	4	0,9	9	62
Kohlrabi, Knollen	2,5	Spur	6	35
Weißkohl	1,5	„	4	22
Rotkohl	2	„	4	25
Wirsing	3	„	4	30
Rosenkohl	5	„	7	49
Blumenkohl	2,5	„	4	27
Spinat, Blätter	2	„	2	16
Mangold, Blätter	2,5	„	3	22
Kopfsalat	1	„	2	12

	100 g des Nahrungsmittels enthalten			
	Eiweiß g	Fett g	Kohlehydrate g	Kalorien
Gemüse und Salat (Fortsetzung).				
Endivien	2	Spur	2	16
Grüne Erbsen, unreif, ohne Hülse	7	„	12	78
Puffbohnen, unreif, ohne Hülse	6	„	8	57
Grüne Bohnen	3	„	6	37
Wachsbohnen	2	„	3	21
Kürbis, Fruchtfleisch	1	„	7	33
Gurke	0,6	„	1	7
Tomaten	1	„	4	20
Sauerkraut	1	„	5	24
Saure Gurken	0,4	„	1,3	5
Pilze.				
Steinpilz, frisch	5	0,4	5	43
Steinpilz, lufttrocken	35	2,7	36	302
Feldchampignon, frisch	5	0,2	3	34
Feldchampignon, lufttrocken	42	1,7	30	302
Pfifferling, frisch	2	0,4	5	30
Speisemorchel, Lorchel, frisch	3	0,4	5	34
Speisemorchel, Lorchel, lufttrocken	30	3,9	39	300
Obst.				
Äpfel	0,4	—	14	59
Äpfel, getrocknet	1	Spur	60	250
Birnen	0,4	—	14	59
Birnen, getrocknet	2	Spur	61	258
Feigen, getrocknet	3	„	61	262
Orangen, ohne Schale	0,8	—	14	60
Erdbeeren	1	—	9	41
Himbeeren	1	—	8	37
Brombeeren	1	—	9	41
Heidelbeeren	0,8	—	12	52
Preiselbeeren	0,7	—	13	56
Johannisbeeren	1	—	10	45
Stachelbeeren	0,9	—	10	45
Weintrauben	0,7	—	18	76
Korinthen	1,6	Spur	69	290
Rosinen	2	„	64	271
Bananen, ohne Schale	1	—	23	98
Kirschen, süße	0,8	—	16	69
Kirschen, saure	0,9	—	13	57
Aprikosen	0,9	—	12	53
Aprikosen, getrocknet	4	Spur	57	250
Zwetschgen, Pflaumen	0,8	—	17	73
Zwetschgen, Pflaumen, getrocknet, ohne Steine	2	Spur	65	275
Rhabarber, Stengel, geschält	0,7	„	3	16
Walnüsse, Kerne, lufttrocken	17	58	13	663
Haselnüsse, Kerne, lufttrocken	17	63	7	684
Eßkastanien, Kerne, frisch	6	4,1	40	227
Mandeln, süße	21	53	14	636
Paranüsse	15	68	4	710

	100 g des Nahrungsmittels enthalten			
	Eiweiß g	Fett g	Kohlehydrate g	Kalorien
Fruchtsäfte, Marmeladen, Kompotte.				
Himbeersaft	Spur	—	9	33
Himbeersirup	—	—	69	275
Kirschsaft	Spur	—	16	60
Kirschsirup	—	—	69	275
Zitronensaft	Spur	—	9	33
Apfelkraut	0,8	—	69	270
Pflaumenmus	1,5	—	56	230
Preiselbeerkompott	0,5	—	41	163
Marmeladen aus gleichen Teilen Fruchtmark und Zucker	1	—	61	242
Apfelkompott	0,4	—	13	54
Zucker und Honig.				
Rübenzucker, Rohrzucker	—	—	100	410
Milchzucker, rein	0,1	—	99,6	394
Stärkesirup	—	—	83	325
Malzextrakt	3,8	—	75	315
Lindenhonig	0,3	—	80	300
Heidehonig	0,3	—	79	297
Kleehonig	0,3	—	82	308
Kunsthonig	—	—	80	300
Marzipan	—	29,5	40,2	439
Bonbons	0,3	Spur	96,6	400
Kakao und Schokolade.				
Kakaopulver, schwach entölt	22	bis 28	33 und mehr	bis 486
Kakaopulver, stark entölt	26	13	41	396
Schokolade mit 55% Zucker	7	22	65	500
Haferkakao mit 50% Kakao	18	17	50	437
Eichelkakao mit 50% Kakao	14	16	53	423

D. Kaloriengehalt der alkoholischen Getränke.

In je 100 ccm des Getränkes sind enthalten:

Grätzer Bier	25	Kalorien
Lichtenhainer, Berliner Weißbier	28—40	"
Biere mit wenig Extrakt	40—45	"
Apfelwein	40—50	"
Biere mit mittleren Extraktmengen (Exportbiere)	45—55	"
Biere mit viel Extrakt (Ale, Porter, Starkbiere)	55—67	"
Mosel-Saar-Ahr-Weißwein	63	"
Rhein-Maingau-Weißwein	68	"
Französischer Rotwein	65	"
Schaumweine, herb	83	"
Schaumweine, mittelsüß	95—100	"
Schaumweine, süß	110—120	"

Südweine, zuckerarm (Sherry, Madeira, Malaga, Portwein)	100—130	Kalorien
Südweine, süß (Malaga, Malvasier)	130—170	„
Tokaier Ausbruch	125—130	„
Gewöhnlicher Trinkbranntwein	270—280	„
Edelbranntwein (Kognak, Whisky, Arrak, Rum, Kirsch, Absinth)	300—400	„
Liköre, zuckerhaltig	330—460	„
Curacao	452	„
Benediktiner	461	„

die Verbrennungswerte der Nahrungsmittel, wie sie im Kalorimeter gefunden wurden, in die meisten Veröffentlichungen über praktische Ernährungsfragen übernommen worden sind, weil sie sich praktisch ausgezeichnet bewährt haben und genaue Vergleichsmöglichkeiten bieten, worauf es einzig ankommt.

Zu einzelnen Nahrungsmitteln sind noch einige ergänzende Bemerkungen notwendig. Ihr Gehalt an Einzelstoffen, damit ihr Kalorienwert, hängt eng mit der Art der Herstellung oder Zubereitung zusammen. Würste, selbst wenn sie den gleichen Namen tragen, können sehr verschiedenen Eiweiß- und Fettgehalt haben. Frischen Würsten ist oft sehr viel Wasser beigemischt. Wasser enthält keine Nährwerte, bei gleichem Gewicht ist eine stark wasserhaltige Wurst also weniger nahrhaft. Zusatz von Mehl oder Brot zur Wurst erhöht den Kohlehydratgehalt oft auf Kosten des Fettgehaltes, mindert dadurch den Kalorienwert. Im allgemeinen gehören Wurstwaren, namentlich Dauerwurstwaren, zu den kalorienreichsten Nahrungsmitteln. Sie stellen eine sehr konzentrierte Nahrung dar, was bei der Verhütung des Dickwerdens wohl zu beachten ist.

Rahm ist der Teil der Milch, der sich bei ruhigem Stehen oben ansammelt. Es ist hauptsächlich das spezifisch leichtere Fett, das nach oben steigt. Nach dem Gehalt an Fett lassen sich verschiedene Rahmarten kennzeichnen. Kaffee- oder Teerahm enthält 10—15% Fett, Doppelrahm 25% Fett und Schlagrahm (Schlagobers) 35% Fett. Je höher der Fettgehalt, um so größer der Kalorienwert. Rahm mit 10% Fett (3,5% Eiweiß, 3,5% Zucker) enthält in 100 g 122 Kalorien, Rahm mit 15% Fett enthält 168 Kalorien, Rahm mit 25% Fett 257 Kalorien, Rahm mit 35% Fett (3% Eiweiß und 3% Zucker) enthält 350 Kalorien, noch konzentrierterer Rahm mit 45% Fett 443 Kalorien. Rahm ist also ein sehr kalorienhaltiges („kräftiges") Nahrungsmittel; bei der guten Ernährung von Rekonvaleszenten usw. macht man daher möglichst Gebrauch von ihm.

Butter ist das aus Milch oder Rahm durch geeignete mechanische Bearbeitung gewonnene und fest gewordene Fett, dem noch Magermilch beigemischt ist. Der Wassergehalt der Butter darf nach den gesetzlichen Vorschriften bei gesalzener Butter nicht mehr als 16%, bei ungesalzener Butter nicht mehr als 18% betragen. Schmalz, das wasserfrei ist, enthält daher in der gleichen Gewichtmenge eine größere Kalorienmenge als Butter. Es handelt sich hier wie überhaupt bei den Fetten um die kalorienreichsten Nahrungsmittel. Bei Abmagerungs- oder Mastkuren ist auf sie daher von vornherein das Hauptaugenmerk zu richten.

Käse wird dadurch gewonnen, daß aus Milch, Rahm usw. durch Lab oder Säuerung feste Stoffe abgeschieden werden. Käse besteht im wesentlichen aus Eiweiß- und Fettstoffen der Milch. Für die Einteilung in das Ernährungsschema ist der Fettgehalt maßgebend. Der Rahmkäse wird aus Rahm oder aus Vollmilch + Rahm gewonnen; in ihm ist weit mehr Fett enthalten als Eiweiß (Kasein). Fettkäse wird aus Vollmilch ohne Zusatz von Rahm gewonnen; der Fettgehalt ist bei ihm gleich oder etwas höher als der Eiweißgehalt. Halbfettkäse stammt aus teilweise entrahmter Milch oder aus Vollmilch + Magermilch; der Fettgehalt ist bei ihm geringer als der Eiweißgehalt. Magerkäse wird aus ganz oder teilweise entrahmter Milch hergestellt; er enthält ziemlich viel Eiweiß, aber sehr wenig Fett. Der Fettgehalt bestimmt im allgemeinen den Preis des Käses, von einigen Luxussorten abgesehen. Er ist meist aus Angaben auf der Papierumhüllung des Käses zu ersehen.

Der Nährwert der Mehlspeisen ist in hohem Maße von ihrem Gehalt an Fett abhängig. Örtliche Besonderheiten und Liebhabereien bewirken hier die größten Verschiedenheiten. Man muß sich nur klar machen, auf wie verschiedene Art Mehlspeisen zubereitet werden. Sie werden entweder einfach auf dem Feuer oder im Wasserbad gekocht, oder im Backofen usw. gebacken, wobei zuweilen eine kleine Fettschicht zum Loslösen von der Form benützt wird. Andere Mehlspeisen werden bei Einwirkung von heißem Fett auf die Oberfläche in der Pfanne gebacken, andere gar in schwimmendem Fett gebacken, d. h. in heißem Fett, das sie allseits umgibt und von dem sie sehr viel aufnehmen können. So ist es klar, daß sich Mehlspeisen nicht auf einen gemeinsamen Nenner bringen lassen: Krapfen haben viel Fettgehalt, Nudeln sehr wenig. Zur Berechnung des Nährwertes ist es notwendig, den Fettgehalt zu wissen; das läßt sich leicht aus der Menge der beim Backen usw. verwandten Fettmenge berechnen, bzw. aus einem Kochbuch ungefähr ersehen.

Auch für die Berechnung des Nährwertes zubereiteter Gemüse ist der Fettgehalt entscheidend. Mancher, der keine Butter ißt und auch sonst bewußt Fett möglichst vermeidet, nimmt im Gemüse große Mengen Fett zu sich. Hier kommt es vor allem zur Geltung, wenn in einem Haushalt „fett gekocht" wird, in einem andern wenig fett. Die schmackhafte Zubereitung der Gemüse hängt gerade mit ihrem Fettgehalt innig zusammen. Ein gekochtes Gemüse wird oft erst schmackhaft, wenn nachträglich Fett zugesetzt und dann nachgedämpft wird. Butter, Rahm und Öl sind die hauptsächlichen Fettzutaten zum Gemüse. Die verwandte Fettmenge ist zur Ermöglichung einer genauen Berechnung des Nährwertes vorher abzuwiegen.

Im übrigen kommt gerade bei Gemüse ein Teil der in ihm selbst enthaltenen Nährwerte dadurch in Wegfall, daß die zellulosereichen Gemüse vom Darm nicht ganz aufgeschlossen werden können, ein Teil der in ihnen enthaltenen Nährwerte daher ungenützt abgeht. Bei der Berechnung müssen die zahlreichen Abfälle der Gemüse natürlich in Abzug gebracht werden. Wenn man etwa auf dem Markt 2 Pfund Gemüse gekauft hat, muß der

Verlust, wie er durch Ausschneiden schlechter Blätter, ungenießbarer Wurzeln, harter Schalen usw. entsteht, berücksichtigt werden; sonst ergibt sich ein falsches Bild.

Salate sind bei einer Zubereitung mit Öl gegebenenfalls ziemlich kalorienreich. Ohne Öl zubereitet, haben sie außerordentlich wenig Nährwert. In der Zeit des Krieges 1914/18, als großer Mangel an Öl und Fetten aller Art bestand, hatten manche Betriebe eine große Kunstfertigkeit in der Bereitung von Salaten ohne Öl, mit Hilfe unglaublicher Bestandteile erlangt. Die so zubereiteten Speisen verdienten den Namen Salat nicht, aber eines ist sicher: ihr Nährwert war gleich Null.

Kaffee und Tee haben so gut wie keinen Nährwert. Nur der Zusatz von Milch und Zucker verleiht ihnen einen solchen. Es handelt sich bei ihnen um reine Genußmittel, deren Beliebtheit außer auf den angenehmen Geschmack und Geruch vor allem auf das in ihnen enthaltene Koffein zurückzuführen ist. Das Koffein regt die Nerventätigkeit an, belebt ganz allgemein und fördert die Absonderung des Magensaftes.

Im Gegensatz dazu sind Kakao und Schokolade als Nahrungsmittel zu betrachten. Der Eiweißgehalt des Kakaos ist beträchtlich, sein Fettgehalt richtet sich nach dem Grad der Entölung. In einer Tasse gezuckerten Wasserkakao aus 5 g Kakaopulver und 8 g Zucker sind 1 g Eiweiß und 45 bis 55 Kalorien enthalten. Milchzusatz steigert den Nährwert entsprechend. Schokolade gilt mit Recht als konzentriertes Nahrungsmittel. Auf engem Raum sind in der Schokolade — einer Mischung von Kakaomasse, Zucker und Gewürzstoffen — beträchtliche Nährwerte enthalten.

Alkohol wird im Körper fast vollständig verbrannt, nur wenig wird im Harn und mit der Atmungsluft unverbrannt ausgeschieden. 1 g Alkohol liefert bei der Verbrennung 7,1 Kalorien, er ist also ein hochwertiges Nahrungsmittel. Bei dieser Betrachtung bleiben seine anderen, zum Teil für den Körper schädlichen Einflüsse außer Betracht. Jedenfalls ist es verständlich, daß ein Mensch, der viel Alkohol genießt, Nährwerte im Überschuß zugeführt bekommt und daher zu Fettansatz neigt. In späteren Stadien des chronischen Alkoholmißbrauches kann trotzdem Abmagerung eintreten, wenn durch Alkoholerkrankung bestimmter Organe eine Schädigung der normalen Stoffwechselvorgänge im Körper eingetreten ist.

5. Dickwerden und Fettleibigkeit.

Dickwerden und Fettleibigkeit haben von je das Augenmerk und das Interesse der Allgemeinheit gefesselt. Aus dem Altertum sind uns zahlreiche Zeugnisse dafür überliefert. Bemerkenswert ist eine Bestimmung der Spartaner: die Jünglinge mußten sich jeden Monat zu einer Art Gesundheitsuntersuchung den Ephoren vorstellen, die ihre Körperkraft zu prüfen hatten. Wurden die jungen Männer zu dick befunden, so wurden ihnen geeignete gymnastische Übungen auferlegt. Lykurgs Vorschriften bestimmten eine Geißelung fetter junger Männer, bis sie mager wurden. Die Sklavenhändler der Griechen und Römer erblickten ihren Vorteil oft darin, dicke Sklaven durch geeignete Maßnahmen zu entfetten.

Im weiteren Verlauf der Jahrhunderte ist uns immer wieder von einzelnen besonders dicken Menschen berichtet, die sich sogar als Schaugegenstand hergaben. So wird von Fällen berichtet, in denen der Tisch mit einem dem Umfang des Kranken entsprechenden Ausschnitte versehen werden mußte, damit nur der Kranke an ihn heranreichen könne. Boerhave, Professor der Medizin zu Leiden zu Beginn des 18. Jahrhunderts, beobachtete einen Mann, der seinen Fettbauch in einer Bauchbinde die an den Schultern, befestigt war, tragen und seinen Tisch halbkreisförmig ausschneiden lassen mußte. Auch aus dem 15. Jahrhundert liegt ein Bericht aus Böhmen vor, wonach reiche Leute damals so dick waren, daß sie den vorstehenden Leib in Binden tragen mußten, die am Halse befestigt wurden. Am berühmtesten ist der dicke Falstaff geworden, der bei Shakespeare als „Rippenstück", „Talgklumpen", „magerer Hans", „Beingerippe", „Wulstpuppe" von seinen Zechgenossen schwer gehänselt wird. „Wie lange ist es her, Hans", fragt ihn Prinz Heinrich, der spätere König Heinrich der Fünfte, „daß du dein eigenes Knie nicht gesehen hast?" Aber Falstaff sieht die Ursache in seinen schweren Kümmernissen: „Mein eigenes Knie? Als ich in deinen Jahren war, Heinz, war ich um den Leib nicht so dick, als eine Adlersklaue, ich hätte durch eines Aldermanns Daumenring kriechen können. Hol' die Pest Kummer und Seufzen! Es bläst einen Menschen auf, wie einen Schlauch." In Wirklichkeit wird allerdings Kummer und Seufzen gerade die gegenteilige Wirkung erzielen. Eher auf die wahre Ursache seiner übermäßigen Fettleibigkeit weisen die anderen Beinamen hin, die Prinz Heinrich dem unentwegten Zecher beilegt: eine Tonne von einem Mann, ein Kasten voll wüster Einfälle, ein aufgedunsener Ballen Wassersucht, ein ungeheures Faß Sekt, ein vollgestopfter Kaldaunensack, ein gebratener Krönungsochse mit Pudding im Bauch. Niemals bekommen die Gefährten genug mit den Hänseleien, der dicke Falstaff bietet unerschöpflichen Stoff. Bardolph stellt fest: „Ei, Ihr seid so fett, Sir John, daß Ihr wohl außer allen Schranken sein müßt, außer allen erdenklichen Schranken, Sir John." So geht das rastlos weiter.

Nach dem äußeren Anzeichen oder richtiger nach dem Verhalten der Umwelt, unterscheidet Ebstein drei Stadien der über die Norm gesteigerten Fettablagerung. In dem ersten Stadium ist der Dickwerdende eine beneidete Person. Seine Rundlichkeit, die Fülle seines Körpers, sein gutes Aussehen, die Zunahme auch der Muskulatur werden bewundert. Im zweiten Stadium wird der Fettleibige zu einer komischen Person. Die Alten spotteten über den fetten Silen bei den festlichen Umzügen zu Ehren seines göttlichen Zöglings Bacchus. Falstaff und andere Typen dienen zur Belustigung der Menge nicht zuletzt durch ihren Körperumfang. Von dem Fettleibigen selbst werden die Unannehmlichkeiten, die seine Fülle mit sich bringt, mit Würde getragen. Die Unannehmlichkeiten steigern sich in dem dritten Stadium, das aus dem Fettleibigen einen bemitleideten und bemitleidenswerten Kranken macht. Das Hinzutreten anderer Krankheiten, die Überlastung und Schädigung der Organe bringt Störungen mit sich, die oft hart zu tragen sind. Gicht, Zuckerkrankheit und andere Stoffwechselstörungen sind in diesem Stadium oft mit der hochgradigen Fettleibigkeit verknüpft.

Diese hübsche Einteilung gibt in der Tat den wechselnden Eindruck mit dem dicke Leute betrachtet werden und sich wohl auch selbst betrachten, richtig wieder. Das komische Stadium spielt neuerdings auch im Film eine große, wenn auch nicht jedem Geschmack entsprechende Rolle. Als komische Personen werden hier oft außerordentlich dicke Personen benützt, die sich meistens rasch eine gewisse Popularität erringen. Filmtechnische Möglichkeiten geben Anlaß zur Steigerung der Komik, indem beispielsweise durch rasches Abrollenlassen des Films diese dicken Personen sich mit größter Schnelligkeit bewegen, ein Bild, das durch die Inkongruenz mit der bekannten Wirklichkeit die Lachlust der Zuschauer erregen muß.

Die geistige Beschaffenheit der Menschen ist bekanntlich ebenso unergründlich wie der Paradoxe voll. So ist es gar nicht verwunderlich, daß manche fettleibige Personen ihren Körperumfang mit Stolz als etwas ganz Besonderes, Begnadetes betrachten. In Wien existiert ein Verein, der es sich zur Aufgabe gesetzt hat, alljährlich die zehn dicksten Männer der Stadt zu prämiieren. Ihre Photographien werden veröffentlicht.

Die psychologische Einschätzung beleibter Menschen hat sich schon immer in ganz bestimmter Richtung bewegt. Bei Shakespeare sagt

Cäsar: „Laßt wohlbeleibte Männer um mich sein,
Mit glatten Köpfen, und die nachts gut schlafen.
Der Cassius dort hat einen hohlen Blick;
Er denkt zu viel: die Leute sind gefährlich."
Antonius: „O fürchtet den nicht: er ist nicht gefährlich.
Er ist ein edler Mann und wohlgesinnt."
Cäsar: „Wär' er nur fetter!"

Man könnte diese Auffassung mit dem Gedanken zusammenbringen, daß dicke Menschen gesättigter, daher zufriedener seien, während magere hungrig und daher nach einer Änderung der Verhältnisse begieriger seien. Insbesondere der Staatsmann wird diesen Maßstab als naturgegeben ansehen.

Aber die allgemeine Auffassung betrachtet auch den satten Mageren als „Gefährlicheren", d. h. als den mehr und kritischer Denkenden. Unterschiede des Temperamentes sollen sich in der äußeren Körperform offenbaren. Der dünne, spitze Teufel ist boshaft und schadenfroh; wo ein dicker Teufel vorkommt, ist das Spiel noch nicht verloren, selbst ihm klebt noch ein Rest von Gutmütigkeit an. In der neuen Temperamentslehre Kretschmers, die als Grundlagen den asthenischen, athletischen und pyknischen Körperbau betrachtet, neigen die Pykniker entschieden zum Fettansatz. Die Fettanlagerung hält sich dabei meist in mäßigen Grenzen und tritt in erster Linie als Stammfettleibigkeit zutage. Allerdings bedarf es zur Diagnose des Pyknikers nicht des stärkeren Fettansatzes. Sie wird aus der Gestaltung des Skelettes gestellt. Ein übermäßig ernährter und daher fettgewordener Athletiker oder Astheniker wird immer ganz anders aussehen als ein korpulenter Pykniker.

Kretschmer rechnet hierher die „bequemen Genießer". Bei ihnen steht die Neigung zur wohlwollenden Gemütlichkeit, zum behaglichen Spaß, aber ohne viel Gedanken und tieferen Ernst, dagegen Behäbigkeit und unverhülltes, breites Behagen am Materiellen, sinnlich Greifbaren, an den nächstliegenden, konkreten Lebensgütern ganz im Vordergrund. In Schwaben werden solche Leute als „Vesperer" bezeichnet: das Einnehmen von möglichst zahlreichen, lecker zubereiteten kleinen Zwischenmahlzeiten mit dem zugehörigen Trunk bildet den Inhalt ihres Lebens, wodurch dann ihre von Jugend auf vorhandene pyknische Leibesverfassung in schöne Blüte gebracht wird.

Das ist natürlich nur ein Typ. Die vielfach populäre Idee, ein dicker Leib und scharfer, agiler, vordringender Geist sowie lebhaftes Temperament ließen sich nicht vereinen, wird durch die tägliche Erfahrung als unrichtig erkannt. Auch der Verfolg der Geschichte läßt zahlreiche große Männer finden, die sich außer durch Kühnheit ihrer Gedanken und Weitspannigkeit ihrer Erfolge auch durch den Umfang ihres Leibes auszeichneten.

Immerhin wird man sich Eiferer und Fanatiker nicht als Männer mit beträchtlicher Leibesfülle vorstellen, und diese überlieferte, teilweise gefühlsmäßige Vorstellung beruht doch auf dem Extrakt von Erfahrungen. Frank Crane, New York, hat neuerdings als Seelenkenner das „Lob der Dicken" gesungen, in einem Essai, der auch hier der Erwähnung wert ist. Von Zeit zu Zeit, so sagt er, taucht immer wieder einer mit einer Arznei oder einer Kur oder mit einem System körperlicher Übungen oder mit einem Aushungerungsentwurf auf, um der Dicken Fleisch zu verringern. Was ist denn überhaupt los mit den Leuten, daß sie sich über die Dicken lustig machen? Die Dicken sind das Heil der Menschheit. Sie erhalten ihr die Fröhlichkeit. Optimismus ist eine Sache verfetteter Gewebe.

Es sind die Dicken, so fährt Crane weiter fort, die verhindern, daß die Menschheit an der trockenen Fäulnis dahinsterbe. Sie machen das Dasein zum Gedicht. Sie sehen die Scherze des Geschicks. Die Dicken tragen die Quellen des Humors in sich. Gewiß, es hat auch etliche komische Leute gegeben, die dünn waren, aber was hätten sie bedeutet, wären keine Dicken dagewesen, über die zu lachen war?

Euere Haut- und Knochenmenschen nehmen sich viel zu ernst. Sie sind Weltverbesserer, Verbieter, Umstürzler, Suffragetten. Ihr Evangelium heißt: „Alles was ist, ist schlecht!"

Warum bewundern Frauen magere Männer ohne Hüfte? Weil sich solche Männer zum Verrat eignen, zur Kriegslist, zur Plünderung. Sind es gewöhnliche Leute, so schlagen sie ihre Frauen; haben sie Kultur, so quälen sie die Frauen auf durchtriebene Art. „Nehmt meinen Rat, Mädels! Sucht euch einen hübschen, großen, wohlgerundeten, saftigen Kerl aus, der gerne ißt und trinkt und kein wurmiges Gewissen hat. Heiratet ihn und laßt, wie die Schrift so schön sagt, die Seele in der Fülle schwelgen!

Wenn ein Mann dick ist, so folgt daraus noch lange nicht, daß er auch schlapp und schlammig ist. Napoleon war rundlich. Samuel Johnson war fett und ebenso Boswell, der über ihn schrieb.

Die Welt ist ein Überrock, so hieß es, konnte Victor Hugos Ruhm nicht fassen. Und, glaubt mir, der hat was vertragen. Hier sein Diner: Kalbskoteletten, Bohnen in Öl, Roastbeef mit Tomatentunke, Omelette, Milch und Essig, Senf und Käse, alles rasch verschlungen und nachher kräftige Schlucke Kaffee. Rossini wurde ein „Nilpferd in Beinkleidern" genannt, und noch 6 Jahre vor seinem Tode konnte er seine eigenen Zehen nicht sehen. Alexander Dumas vertilgte drei Beesteaks, und Balzac sah eher wie ein Zentnerfaß denn wie ein Mensch aus.

Zuletzt: wenn jeder Mensch dick wäre, gäbe es keinen Krieg. Es sind nur die dünnen, die kämpfen!"

Dieser Hymnus mag manchem dicken Menschen ein Trost gegenüber einem Lächeln der Umgebung sein, wenn er überhaupt eines solchen bedarf.

Genauere Einteilung.

Die Frage zu Anfang des zweiten Kapitel: „wann kann man von einem Menschen sagen: er sei zu dick?" hat immer noch keine exakte Beantwortung gefunden. Der äußere Anblick allein entscheidet nicht. Das Gesicht trügt oft: ein Mensch mit rundlichem, fülligen Gesicht wird leicht für dick gehalten, obwohl er vielleicht unter seinem Normalgewicht ist, während bei einem Menschen mit hagerem, knochigem Gesicht lange Zeit über die zunehmende Leibesfülle hinweggesehen wird.

Wer nur durch anderer Urteil auf eigene Veränderungen aufmerksam gemacht wird oder werden will, hat es in der Hand, die Rechenschaft geraume Zeit hinauszuschieben. Davon wird gern Gebrauch gemacht. Ein geschickter Schneider, ein strammer Gürtel, ein engfassendes Korsett bewahren wenn nicht vor dem Dicksein, so vor dem Dickscheinen. Hier ist es, wo der Heldenmut von Frau und Mann größte Triumphe feiert, bei der Einsperrung in Turnüre und Fesseln, gegen die das kurzdauernde Aufspannen auf den Streckbrettern der Inquisition ein Vergnügen gewesen sein muß. Hier ist es auch, wo Selbsttäuschung und Verschließen der Augen vor Unwillkommenem lange, bis zum Übermaß, durchzuführen ist.

Die Öffnung der Augen, die notwendige Entscheidung kommt schließlich durch die Wage. Sie ist das Spieglein an der Wand, das unbeirrt und unbeeinflußt die Wahrheit verkündet. Nur die Wage, nicht der Augenschein, lehrt, ob jemand zu dick ist oder nicht.

Den ungefähren Grund, auf dem ein Vergleich aufzubauen ist, liefert das Normalgewicht (S. 16). v. Noorden hat ein praktisch gut verwendbares Schema aufgebaut, aus dem die verschiedenen Grade des Dickwerdens usw. gewichtsmäßig zu ersehen sind. Es ist dabei vorausgesetzt, daß das Übergewicht durch Fettgewebe und nicht etwa durch Muskelmasse oder durch Ödeme bedingt ist. Es wird bezeichnet:

als geringer Grad von Fettleibigkeit, wenn der Gewichtsüberschuß 5—15 kg beträgt (etwa 10—20% Überschuß);

als mittlerer Grad von Fettleibigkeit, wenn der Gewichtsüberschuß 15—25 kg beträgt (etwa 20—30%) Überschuß;

als hoher Grad von Fettleibigkeit, wenn der Gewichtsüberschuß mehr als 25 kg beträgt (mehr als etwa 30% Überschuß).

Der erste dieser drei Grade wird in diesem Buch als „Dickwerden" bezeichnet. Bei der Beurteilung kommt es sehr auf die individuellen Verhältnisse an. Ein höheres Gewicht wird bei einem großen, muskelkräftigen Menschen günstiger zu beurteilen sein als Fettansatz bei einem sonst schwächlichen und muskelschwachen Menschen. Das Übergewicht bringt Lasten mit sich. Ein kräftiger Körper ist besser imstande, sie zu bewältigen.

Hohe Grade von Fettleibigkeit.

Das sozusagen normale Dickerwerden nach dem 30. Lebensjahr ist ungefähr so zu bewerten wie das Auftreten einer mäßigen Schilddrüsenvergrößerung bei vielen Menschen in Gegenden, in denen Kropf endemisch ist. In beiden Fällen scheint sich die Ausbildung eines extremen Übermaßes anzukündigen; im allgemeinen wird aber nur eine gewisse Zunahme erreicht. Dann tritt Stillstand ein. Die Ursache (übermäßige Ernährung im einen, zu geringe Jodzufuhr mit dem Trinkwasser im andern Fall) ist nur in bescheidenem Maße vorhanden. Wenn das ihr entsprechende Niveau erreicht ist, wird es festgehalten, aber nicht mehr höher geführt. Auch die mäßige Zunahme wird dann zu bekämpfen sein, wenn sie Beschwerden verursacht oder Bedrohungen in Aussicht stellt.

In anderen Fällen tritt ein außerordentlich hoher Grad von Fettleibigkeit ein. Er macht aus Menschen unförmige Gestalten. Es ist zu verstehen, daß solche Erscheinungen in Bild und Überlieferung festgehalten wurden. In den Zeitungen finden sich immer wieder Berichte von besonders dicken Menschen. So lief vor kurzem die Nachricht von dem Tode eines Mannes aus Haspe durch die Presse, der im Alter von 64 Jahren an einem Gehirnschlag gestorben war. In der ganzen Hasper Gegend war er als der dicke O. bekannt. Sein Körpergewicht betrug 240 kg, also nahezu 5 Zentner; es soll in seinen besten Mannesjahren noch höher gewesen sein.

Solche Menschen werden so dick, daß sich das Gesicht unter der Fettschicht wie unter einer Maske befindet. Muskelbewegungen im Gesicht sind bei ihnen kaum wahrzunehmen. Es trifft bei ihnen das Wort Lichtenbergs zu: „Es gibt Leute, die so fette Gesichter haben, daß sie unter dem Speck lachen können, so daß der größte physiognomische Zauberer nichts davon gewahr wird; da wir arme und dünne Geschöpfe, denen die Seele unmittelbar unter der Epidermis sitzt, immer die Sprache sprechen, worin man nicht lügen kann." Die Annahme, daß dicke Menschen von Gemütserschütterungen weniger berührt werden, hängt vielleicht zum Teil mit dieser unbewußten und unbeeinflußbaren Fähigkeit zusammen, den Eindruck bewegender Umstände nicht erkennen zu lassen.

Eine Anzahl von Beispielen besonders dicker Menschen hat Kisch zusammengestellt. Seine Liste beginnt mit einem Petersburger Kaufmann, der $192\frac{1}{2}$ kg wog und einer Frau aus Russisch-Polen mit 163 kg Gewicht. Bei Kisch finden sich auch Hinweise, auf ältere Beispiele, namentlich aus der englischen Literatur Es werden der fettleibige Dionysius von Heraclea erwähnt, der kaum in einem Sarg fortgebracht werden konnte, und der ebenso umfangreiche wie eßlustige römische Kaiser Vitellius. Die Geschichte berichtet von König Sancho dem Fetten von Leon und Ludwig dem Dicken von Frankreich. Die Fettleibigkeit König Georgs III. von England gab seinem Leibarzt Wadd Veranlassung zu Studien über Fettsucht.

Daß weiterhin aus England schon früher so viele Fälle von übermäßig dicken Menschen vorliegen, ist sicherlich nicht mit besonderer Neigung der Engländer zu Fettleibigkeit in Zusammenhang zu bringen, sondern mit der dort zuerst ausgebildeten Gesundheitsstatistik, die zu Aufzeichnungen vielseitiger Art führte. Manche der Mitteilungen mögen übertrieben sein, andere sind es zweifellos nicht. Ein junger Mann, William C., wog im Alter von 28 Jahren 350 kg (7 Zentner!). Die Richtigkeit dieser ungeheuerlichen Angabe geht aus der Photographie hervor. Andere Fälle wiesen Gewichte von 335 kg, 250 kg (ein Holländer), 240 kg auf. Bei einer Jahresversammlung des „Vereines der Dicken" in New York wog das schwerste Mitglied $183^1/_2$ kg. Die Gewichtsziffern über 150 kg waren dabei mehrere Male vertreten.

In der Regel werden diese hohen Körpergewichte in allmählicher Zunahme erreicht. Es gibt aber auch einzelne Fälle rascher Mast, wobei in kurzer Zeit ein abnorm hohes Gewicht erreicht wird. Stadelmann berichtet von einer Frau, die im Verlauf eines Jahres eine Fettzunahme (Gewichtszunahme) von 75 kg aufwies. Im Verlauf dieses einzigen Jahres hatte sich ihr Gewicht damit verdoppelt. Im Durchschnitt müssen bei ihr täglich 205,5 g Fett abgelagert, also über 1900 Kalorien angesetzt worden sein. Über den täglichen Stoffumsatz und die Stoffzufuhr ist nichts Näheres bekannt. Das ist freilich ein außergewöhnliches Verhalten.

Ursachen von Dickwerden und Fettleibigkeit.

Die Ursache übermäßigen Dickwerdens ist zu reichliche Zufuhr von Nahrungsstoffen bei ungenügendem Verbrauch von Spannkräften.

Es hat sich hier ein Mißverhältnis herausgebildet, das im einzelnen an verschiedener Stelle seinen Ursprung haben kann: bei der Zufuhr, bei den Stoffausgaben, bei unzulänglicher Abwicklung des inneren Stoffwechsels.

Zu große Nahrungsmittelzufuhr bildet übermäßiges Fett. Zu geringe körperliche Tätigkeit spart und schont das sich ansetzende Fett. Ob eine Nahrung zu reichlich ist oder nicht, hängt außer von anderen Umständen von dem Grad der Ausgaben infolge Körpertätigkeit ab. Wo sich übermäßige Nahrungszufuhr und geringe Körpertätigkeit verbinden, und das ist häufig der Fall, kommt der Fettansatz rasch und ausgiebig zustande.

Außer diesen mehr äußerlichen Ursachen führt auch eine innere Veranlagung, eine besondere Beschaffenheit (Konstitution) des Körpers zur Ansammlung überschüssigen Fettes. Solches konstitutionsmäßige Dickerwerden wird in diesem Buch als Fettsucht bezeichnet. Sie kann hohe Grade erreichen. Von ihr wird im nächsten Kapitel die Rede sein.

Zu reichliche Nahrung ist am klarsten als Fettbildnerin zu erkennen. Dabei wird allerdings die Ursache häufig auch dann anderwärts gesucht, wenn sie offenbar hier gelegen ist. Denn zahlreiche Menschen sind der Ansicht, sie äßen nicht viel, während sie in Wirklichkeit weit über ihren Kalorienbedarf hinaus Nahrung zu sich nehmen. Nur selten wird jemand von vornherein als Völler zu erkennen sein oder sich gar dafür halten. Praktisch treten diese ausgesprochenen Fälle in den Hintergrund. Ein kleiner Überschuß an Nahrung, wenn er nur regelmäßig zugeführt wird, genügt zur Bildung überschüssigen Fettansatzes. Es sei angenommen, daß ein Mensch nur jeden Tag 200 Kalorien über seinen Bedarf hinausißt. Diese Menge ist in einem halben Liter Milch oder leichten Bieres enthalten oder in 25 g Butter usw. Die Folge kann ein Fettansatz von 21,5 g pro Tag sein; im Jahr entspricht das einer Gewichts-(Fett-)Zunahme von 7,85 kg, in 10 Jahren von 78 kg! Das ist ein erstaunliches Ergebnis der Berechnung, wenn man bedenkt, daß 200 Kalorien Nahrungsüberschuß als sehr wenig erscheint. Niemand wird es als Völlerei bezeichnen, wenn er am Tag einen halben Liter Milch über seinen tatsächlichen Nahrungsbedarf hinaus genießt, und doch genügt das zur Erzielung so beträchtlicher Gewichtszunahme. Andererseits läßt gerade ein solches Beispiel erkennen, daß es bei richtigem Vorgehen verhältnismäßig leicht gelingen muß, übermäßigen Fettansatz zu vermeiden oder abzubauen.

Wer überschüssige Kalorien in Gestalt von Milch oder Bier oder Süßigkeiten, wie sie von Frauen besonders oft zwischen den Mahlzeiten genossen werden, zu sich nimmt, der ist sich schließlich dieser Extrazufuhr doch noch irgendwie bewußt. Ahnungslos sind dagegen meistens die Menschen, die ihren Nahrungsüberschuß in Form von fetten Saucen, fetten Gemüsen usw. zu sich nehmen, also in versteckter Form. Sie glauben, nur mageres Fleisch, nur leichte Gemüsekost zu sich zu nehmen, während doch der hohe Fettgehalt der Saucen, Mayonnaisen, des Gemüses ihnen unwissentlich hohe Energiewerte spendet.

Bestimmte Einzelursachen führen automatisch Dickerwerden herbei. Der Mann, der heiratet und damit an Stelle oft magerer Wirtshauskost gediegene Hauskost erhält (gediegen d. i. meistens fettreich), nimmt zusehends zu. Ein Mann, der bei reichlicher Kost bisher sein Gewicht normal erhielt, nimmt stark zu, seit er als Arbeiter in eine Brauerei eingetreten ist: die ihm dort umsonst oder billig zur Verfügung stehende Biermenge kommt zu seinem gewohnten Nahrungsbedarf hinzu und trotz schwerer körperlicher Arbeit wird er rasch sehr dick. Eine Frau hat sich während ihrer Schwangerschaft, als sie für zwei Organismen zu sorgen hatte, reichliches Essen angewöhnt. Sie behält die Gewohnheit nach der Geburt bei, und nimmt daher rasch an Fülle zu. Besonders auffallend wird das werden, wenn die Frau ihr Kind nicht selbst stillt.

Die Reize durch eine übermäßig schmackhafte und pikante Küche sollen als Ursache des Dickerwerdens dabei nicht verkannt werden. Ein erfahrener Hotelier, dessen Diners und Dinerzusammenstellungen sich internationaler Berühmtheit erfreuten, hat die Behauptung aufgestellt, nach einem Diner von 8 Gängen müsse man immer noch mit Lust zum Weiteressen aufstehen. Seiner Kochkunst macht die Verwirklichung dieser Idee alle Ehre. Denn sie kann nur eintreten, wenn alle Speisen so leicht, pikant und genußreich zubereitet sind, daß sie keine längere Belastung für den Magen bedeuten. Und gerade diese raffinierte Kochkunst bewirkt eine grobe Täuschung des Hungergefühls und damit des Körpers, weil viel größere Nahrungsmittelmengen zugeführt werden können als sie der Notwendigkeit und damit dem natürlichen Hungergefühl entsprechen würden. Hufeland betrachtete die raffinierte Kochkunst als eine der verderblichsten Erfindungen zur Abkürzung des Lebens. Sie weiß sich den Gaumen so zum Freunde zu machen, daß alle Gegenvorstellungen des Magens umsonst sind. Der Gaumen wird auf eine immer neue angenehme Art gekitzelt, und so bekommt der Magen wohl drei- und viermal mehr zu tun, als er eigentlich bestreiten kann. Richtige Kochkunst ist für die Verdauung von Vorteil, weil sie in hohem Maße zu kräftigem Einsetzen der Verdauungssaft-Absonderung beiträgt. Aber für den, der nicht Maß zu halten imstande ist, kann hier leicht des Guten zuviel geschehen, und ihm künstlich die Neigung zum Vielessen angezüchtet werden. Solche Neigung geht aber leicht in Gewohnheit über.

Alkohol fördert die Absonderung des Magensaftes. Dadurch steigert er den Appetit, und so wird der Alkoholgenießer leicht zum Vielesser. Aber auch sein eigener Nährwert kommt bei der Bilanz des täglichen Stoffwechsels ganz gehörig in Betracht. 1 g Alkohol liefert, wie erwähnt, bei der Verbrennung im Körper 7,1 Kalorien, das ist bedeutend mehr als 1 g Eiweiß oder 1 g Kohlehydrat. Der Alkohol wirkt als ausgesprochener Fettsparer. Für die Verbrennung im Körper wird zuerst vollwertig der Alkohol herangezogen und erst nach seinem Verbrauch das Körperfett. Die Alkoholmengen, die bei ständigem Genuß zur Nahrung hinzukommen, müssen also bei der Feststellung der Nährstoffezufuhr ausgiebig berücksichtigt werden. Chronischer Alkoholismus, aber ebenso dauernder Gebrauch mäßiger Alkoholmengen kann leicht Ursache von Fettansatz werden.

Deshalb neigen auch Angehörige von Berufen, die viel mit Alkohol zu tun haben, zur Leibesfülle. Wirte gelten im allgemeinen als behäbig. Ihre körperliche Tätigkeit steht durchschnittlich hinter jener vieler anderer Berufsarten nicht zurück. Aus beruflichen Gründen sehen sie sich aber veranlaßt, oft mehr zu essen und zu trinken als andere Menschen. Dazu kommt mit der Zeit eine gewisse Gewöhnung an die reichliche Nahrungszufuhr. Auch Bäcker und Metzger sind, wie Beobachtungen zeigten, oft weit über ihr Normalgewicht hinaus schwer, während Schneider umgekehrt als Prototyp des dünnen Menschen gelten.

In gleicher Weise wird die Einschränkung der körperlichen Tätigkeit auf die Entwicklung von Dickwerden und Fettleibigkeit wirken müssen. Die Ernährung kann sich hier durchaus normal verhalten und keine Gelegenkeit zu übermäßigem Fettansatz geben. Der Kalorienverbrauch ist jedoch zu gering, und ein Teil der Spannkräftebildner im Körper wird daher nicht zur Energienbildung verwandt, sondern als Fett im Körper abgelagert. Man nennt das auch „Trägheitsfettleibigkeit", ohne damit etwa den moralischen Begriff der „Trägheit" verbinden zu wollen. Der Name soll nur besagen, daß sich die körperliche Tätigkeit, die Bewegung der Muskulatur träger als sonst abspielt. Im einzelnen können hier Bequemlichkeit der Lebensgewohnheiten, wirkliche seelische Trägheit, Schwäche nach Krankheit, Schmerzen bei Bewegungen usw. die Ursache bilden. Kranke, die infolge chronischer Gelenkerkrankung sich nur wenig oder unter Schmerzen bewegen können, nehmen beträchtlich an Umfang und Gewicht zu, ebenso manche Kranke mit Herzfehlern, mit Lähmungen, mit Beinleiden usw.

Auch hier liefert die ständige Wiederholung des Kleinen den großen Erfolg. v. Noorden gibt dafür ein anschauliches Beispiel. Ein Mann von 70 kg Gewicht hat bisher in einem hohen Stockwerk, in 15 m Höhe, gewohnt. Täglich mußte er den Weg zu seiner Wohnung viermal machen. Er vertauscht nun diese hochgelegene mit einer Parterrewohnung. Infolgedessen erspart er täglich mehrmals das Hinaufsteigen und damit eine bedeutende Muskelarbeit. Die Steigarbeit bis in 15 m Höhe hatte den Nettowert 60 mal 70 = 4200 Kilogrammeter; tatsächlich beansprucht sie aber eine Kraftentwicklung von 14 000 Kilogrammeter, weil im Durchschnitt nur 30% der aufgewendeten Energie der äußeren Arbeit zugute kommt. Diese 14 000 Kilogrammeter entsprechen 32,9 Kalorien. Um diesen Betrag vermindert sich nach dem Umzug in die Parterrewohnung seine tägliche Arbeitsleistung. Das bedeutet eine Ersparnis von 3,54 g Fett im Tag, von nahezu 1300 g im Jahr. Berücksichtigt man noch den Wassergehalt des neugewonnenen Fettgewebes, so wird die Gewichtszunahme 1870 g Fettgewebe betragen, also $3^1/_2$ Pfund. Dabei wird der Mann aber nicht daran denken, daß eine so kleine Herabsetzung seiner körperlichen Tätigkeit schon mit zu der ihn betrübenden Gewichtszunahme beitragen könnte Eine ähnliche Wirkung muß es ausüben, wenn jemand ständig einen Personenaufzug benützt, statt zu Fuß die Treppen hinaufzugehen.

Besonders wirksam muß naturgemäß eine Verbindung von übermäßiger Nahrungszufuhr und zu geringer körperlicher Tätigkeit sein. Sie ist sogar die häufigste Ursache des gewöhnlichen Dickwerdens. Es kann sich um größere Wirksamkeiten handeln, etwa daß ein Mensch, der gerne üppig ißt, nur im Auto fährt. Der Besitz eines eigenen Autos wirkt überhaupt hier besonders ungünstig, weil er dazu verführt, kaum mehr einen Schritt zu Fuß zu gehen und daher die körperliche Bewegung des Alltags oft auf ein Mindestmaß herabdrückt. Sehr oft wird aber die Summierung von Kleinigkeiten zur Geltung kommen. Eine Frau, die gar nicht besonders viel ißt, nascht den ganzen Tag über Schokolade, immer nur ein oder zwei Pralinés, und dabei liegt sie viel auf dem Sofa und liest. Es ist zuweilen sehr schwierig, derartige Eigenheiten des täglichen Lebensablaufes ausfindig zu machen. Sie kommen ihrem Besitzer und Ausüber gar nicht zum Bewußtsein, am allerwenigsten als Veranlasser seiner Gewichtszunahme, und werden deshalb von ihm bei Aufzählung seiner Eß- und Lebensgewohnheiten nur selten erwähnt. Genaue Nachprüfung nur läßt sie zum Vorschein kommen.

Normalerweise werden Nahrungsaufnahme und Nahrungsbedürfnis durch Triebe geregelt, durch Hunger, Appetit, Sättigungsgefühl. Triebstörungen können Veranlassung zu Dickwerden und Fettleibigkeit geben. Einer Triebstörung ist in gewissem Sinn schon das Mehr an Nahrung zuzuschreiben, das eine raffinierte Kochkunst durch Täuschung des Gaumens dem Körper auflistet. Eine andere Triebstörung wird als Wolfshunger bezeichnet. Das Sättigungsgefühl erscheint außergewöhnlich spät oder gar nicht. Bei Schwachsinnigen und Geisteskranken kann diese Störung hohe Grade annehmen und zu starker Fettleibigkeit führen. Hier wird also von einer Überfüllung des Magens aus der übermäßige Fettansatz hergeleitet. Eine andere Triebstörung ist ein peinigendes Hungergefühl, das zwar schon durch geringe Nahrungsmengen zu stillen ist, aber schon kurze Zeit nach jeder Mahlzeit von neuem auftritt. Es entsteht eine wahre Gier nach Nahrungszufuhr, die augenblicklich befriedigt werden muß. Andernfalls treten unangenehme Störungen des Allgemeinbefindens auf, nervöse Beschwerden, Schwindelanfälle, Kopfschmerzen, seelische Verstimmungen usw. Zu solcher Hungerstörung neigen besonders nervöse Menschen mit Übersäurerung des Magensaftes. Die Vielheit der Mahlzeiten führt, auch wenn sie nicht umfangreich sind, zu übermäßiger Nahrungszufuhr.

Eigenschaften des Gemütes beeinflussen den Leibesumfang merklich, wie ja umgekehrt die körperliche Konstitution den Aufbau des Charakters beeinflußt. Phlegmatiker denkt man sich im allgemeinen dick, Choleriker dünn. Einem Menschen, der den ganzen Tag in seelischer Spannung ist, der herumwirbelt und jeden kleinen Anlaß zu freudiger oder trauriger Erregung benützt, einem solchen Menschen „schlägt", wie allgemein bekannt ist, das Essen nicht so „an" wie einem seelisch ruhigen, nicht leicht aus der Fassung zu bringenden Menschen. „Daher findet man nicht leicht", so sagt schon vor 200 Jahren Unzer, ein klardenkender ärztlicher Schriftsteller, „daß Leute fett werden sollten, welche heftigen Leidenschaften unterworten sind, aber wohl, daß die zu Fett geneigten Leute gemeiniglich entweder sehr leichtsinnig oder sehr unempfindlich sind". Übermäßig langes Schlafen verkürzt die körperliche Tätigkeit und befördert damit den Fettansatz. Schlafen nach dem Mittagessen trägt zweifellos zum Dickerwerden bei: bei Ruhe nach dem Mittagessen können die Speisen in besonders vollendeter Weise verdaut werden und zum Ansatz kommen. In nervöser Hinsicht ist kurze Ruhe nach dem Essen wünschenswert.

Das sexuelle Verhalten hängt eng mit Vorgängen der inneren Sekretion zusammen, von denen noch zu sprechen sein wird. Auch da, wo nicht Störungen der inneren Sekretion zu Fettansatz führen, wird durch freiwilligen oder unfreiwilligen Verzicht auf Sexualtätigkeit die Neigung zur Korpulenz gefördert. Ein bekanntes Sprichwort sagt: ein guter Hahn wird selten fett. Das Dickwerden und die oft starke Fettleibigkeit bei Kastrierten (Eunuchen) und bei Frauen in den Wechseljahren steht mit einer Umstellung der inneren Sekretion in Verbindung. Die Liebe wird von manchen Beobachtern, nicht nur von Dichtern, als „zehrendes" Leiden bezeichnet. Unerfüllter Liebesdrang führt zu tagelangem Hungern zu völliger Appetitlosigkeit, Schlaflosigkeit, Licht- und Menschenscheu: hochgradige Abmagerung, Schwund aller Leibesfülle, Verfall der Kräfte ist die Folge. Eine solche Abmagerungskur ist aber mit zu großen seelischen

Leiden verknüpft, als daß sie sich allgemein hätte einführen können. Auch ist sie nicht zu verordnen, sondern wird nur von dem unfreiwillig ausgeübt, dem das geeignete Temperament dazu verliehen ist.

Bei Tieren kann der Geschlechtstrieb durch Monate hindurch das Hungergefühl unterdrücken und zu starker Abmagerung führen. In Zeiten dagegen, wo der Geschlechtstrieb fehlt oder gering ist, nehmen die Tiere sehr zu. Die Seehunde Alaskas, die sich im Mai und Juni in den Buchten niederlassen und die Ankunft der Weibchen dort erwarten, sind dick und kräftig, mit Fett ausgepolstert, mit Energien geladen. Während der dreimonatigen Brunstzeit verzichten sie aber auf alle Nahrung. Dabei sind sie unaufhörlich tätig, umkreisen ihren „Harem" von Weibchen, verjagen unerwünschte Nebenbuhler. So schwindet ihr Fett bis auf einen spärlichen Rest; am Ende der drei Monate sind sie bis auf das Skelett abgemagert. Ähnlich ist das Verhalten des Rheinlachses während der Laichzeit. Dieser Fisch kommt kräftig und stramm am Beginn der Laichzeit aus der Nordsee in den Rhein, um bis weit stromaufwärts zu schwimmen und dort nach mehrmonatigem Aufenthalt im Süßwasser sein Laichgeschäft verrichten zu können. Während dieser ganzen Zeit nimmt er keinen Bissen Nahrung zu sich. Und dabei nehmen die Geschlechtsorgane des Fisches, die vorher klein und kümmerlich gewesen waren, während seines ganzen Flußaufwärts-Schwimmens an Umfang und Substanz stark zu. Nahrung wird nicht zugeführt, der ganze Energienverbrauch wie die Aufbaustoffe für die Geschlechtsorgane werden also aus den vorhandenen Reservestoffen im Körper bestritten. Berechnungen haben ergeben, daß beim männlichen Lachs 5% des in den Muskeln enthaltenen Fettes und 14% der Eiweißkörper dazu dienen, um die Vergrößerung der Samendrüsen herbeizuführen, dagegen 95% Fett und 86% Eiweißkörper mechanische Energie liefern. Bei den weiblichen Tieren werden 12% des Fettes und 23% des Eiweißes aus dem Muskelgewebe für das Wachstum der Eierstöcke verwendet, während 88% Fett und 77% Eiweißkörper für energetische Zwecke verbrannt werden. In der letzten Zeit des Wanderns dient fast nur mehr Fett als Energiequelle. So ist der Fisch ganz zusammengeschrumpft, und wenn er nach einigen Monaten — als Graulachs — ins Meer zurückkehrt, kaum mehr zu erkennen. Erst im Meer nach seiner Rückkunft, wenn er wieder zu fressen beginnt, stellt sich das alte Körpergewicht wieder her. Die Ruhe und das Freisein von sexuellen Begierden läßt die frühere Leibesfülle wieder erstehen.

Bei manchen Krankheiten (Kinderlähmung, Herzleiden usw.) ist das Dickwerden eine unerwünschte Folge der verringerten Bewegungsmöglichkeit. In anderen Fällen dagegen wird der Arzt den Fettansatz nach Möglichkeit fördern, so bei Tuberkulösen, bei manchen Zuckerkranken, bei Neurasthenikern, namentlich sofern sich ihre Beschwerden auf Magen- und Darmstörungen erstrecken. Die Zunahme des Gewichtes bedeutet für den Kranken hier ein Anzeichen fortschreitender Besserung, und das daraus erstehende beruhigende Gefühl trägt wirklich zu weiterer Besserung bei. Soweit der Fettansatz im Körper nicht eine Überlast bedeutet, die geschleppt werden muß, bietet ein gewisser Überschuß bei manchen Krankheiten eine erwünschte Reservequelle für Tage, an denen erhöhter Verbrauch notwendig ist.

Ein Paradoxon ist es, daß Dickwerden des Körpers seine Ursache im Hunger haben kann. Diese Erscheinung tritt beim Hungerödem, bei der Gewebeanschwellung infolge Hungers, auf, wie es unter anderem in russischen Gefangenenlagern während des Krieges 1914/18 und im hungrigen Deutschland der Nachkriegsjahre beobachtet werden konnte. Der Körper wird hier aber nicht durch Fettansatz dick, sondern einzelne Teile sind infolge Wasseransammlung in den Geweben unförmig angeschwollen. Durch die ungenügende Ernährung haben Gewebe und Blutgefäße Schaden gelitten, es tritt wässerige Flüssigkeit aus dem Blut in das umgebende Gewebe über, sammelt sich dort an und ruft den Eindruck des Dickseins hervor. Das Hungerödem steht mit dem gewöhnlichen Dickwerden und der Fettleibigkeit natürlich in gar keiner Beziehung. Eher kann man es vergleichen mit den Wasseransammlungen im Gewebe, wie sie bei Herzschwäche oder Nierenerkrankungen vorkommen und die auch fälschlich ein Dicksein vortäuschen können. Das kommt z. B. bei dem „Vollmondgesicht" mancher Nierenkranker zum Ausdruck.

Ein Beispiel, wie sich ein Mensch fast zu Tode ißt.

Es ist interessant, einmal einen Fall von hochgradiger Fettleibigkeit in seinem Verlauf zu verfolgen. Man gewinnt dadurch einen Einblick, wie der normale Ablauf solcher Zustände sich gestaltet.

Ein sozusagen „klassischer" Fall ist uns aus der Zeit vor 100 Jahren in einer Schilderung des Berliner Professors C. F. Graefe über einen „Fall einer lebensgefährlichen, glücklich geheilten Fettsucht" erhalten. Ein Schlächtermeister war im Alter von 37 Jahren in seine Behandlung gekommen. Im Jünglingsalter war er immer schlank, eher mager, gewesen. Im 31. oder 32. Lebensjahr bekam er, ohne besondere Veranlassung, große Eßlust, wonach sein Körper an Fülle rasch zunahm. Die Eßlust wuchs so, daß es ihm einige Zeit hindurch schwer ward, seinen Hunger zu stillen. Je schneller er aß, desto schneller stieg die Korpulenz. Zugleich begann auch Hang zu Trägheit; er schlief viel und war bisweilen so schläfrig, daß ihm mitten im Sprechen die Augen zufielen. Den Hunger stillte er meistens mit großen Fleischmengen. Dazu aß er zum Teil Gemüse, während er Brot verschmähte. Seiner Aussage nach verzehrte er zu einer Mittagsmahlzeit ohne weitere Beschwerden eine gekochte Kalbs- oder Schöpsenkeule von 8—10 Pfund, oder auch die gleiche Menge Wurst nebst einem Rinderbraten von 6—7 Pfund. Längere Zeit hindurch brauchte der Mann täglich wenigstens 16 Pfund Rindfleisch, um satt zu werden. Seine Angaben wurden durch Mitteilungen der Verwandten bestätigt.

Mehrmals gewann er dadurch Wetten, daß er in einem Tag das Fleisch eines ganzen Kalbes, einfach gekocht, bloß in etwas Salz getaucht, verzehrte. Einmal war er sogar nach dem Verzehren des einen Kalbes zum Erstaunen der Anwesenden bereit, sich an das zweite zu machen. Sein

Appetit nach Fleisch war so groß, daß er sich beim Wurstmachen nicht enthalten konnte, das rohe kleingehackte, mit rohem Speck untermischte Schweine- oder Rindfleisch, dick auf Brot gestrichen, pfundweise zu verzehren. Zum Frühstück oder Abendessen galten ihm die sogenannten Eisbeine (der mittlere Teil eines Vorderfußes vom Schwein) als Leckerbissen; er aß in der Regel 30—36 Stück auf einmal. Bier genoß er verhältnismäßig wenig, 2—3 Flaschen täglich.

Infolge dieser Lebensweise nahm der Körperumfang des Schlächtermeisters immer mehr zu. Er wurde namentlich von der Fettanhäufung an den Bauchmuskeln immer mehr belästigt, bis ihm das Umhergehen schwer und der Atem merklich kürzer ward. Bald traten unter offenbarem Fortschreiten der Fettleibigkeit Angst und Erstickungsanfälle auch während völliger Ruhe des Körpers ein. Von Stufe zu Stufe geriet der Kranke schließlich in den Zustand, in dem Graefe ihn mit dem Tode ringend fand.

Der Arzt fand erschwertes, von förmlichen Erstickungsanfällen unterbrochenes Atmen und lebhaften Schmerz in der Außenfläche des enorm gewölbten Unterleibes. Die Lippen hatten eine dunkelviolette, fast schwarze Färbung — offenbar wegen der ungenügenden Sauerstoffversorgung des Blutes infolge der schlechten Atmung. Der Puls war beschleunigt und unregelmäßig. Der Kranke konnte nicht sitzen, weil der weit vorragende, bis zur oberen Hälfte der Oberschenkel ausgedehnte Bauch bei der sitzenden Stellung an die Schenkel stieß und hierdurch das Atmen noch erschwert wurde. Am Unterleibe waren viele runde, rote, druckempfindliche Flecken zu bemerken. Im Zimmer des Kranken bemerkte man allenthalben einen süßlich-widerlichen Fettgeruch, wie er an warmen Tagen in angefüllten Fleischbehältern zu finden ist; dabei war das Zimmer rein und geräumig, der Kranke hatte frische Leib- und Bettwäsche erhalten.

Die Behandlung suchte dem Herzen das Geschäft des Blutumtriebes zu erleichtern, ferner die Fettmasse in ihrem Wachstum rückgängig zu machen, und „endlich die Zersetzung der im Verderben begriffenen Fettlagen auf den Bauchmuskeln zu verhüten". Mit Aderlässen, Abführmitteln, feuchten Umschlägen auf den Leib, geeigneter Kost wurde das in Angriff genommen.

Unter dieser Behandlung konnte der Kranke schon am 8. Tage etwas aufrecht sitzen, indem der Leib nicht mehr so stark als sonst gegen die Oberschenkel anstieß. Die Unregelmäßigkeiten im Kreislauf minderten sich, Herzklopfen und Pulsaussetzen hörten auf. Die Abführmittel wurden nur mehr mit großem Widerwillen genommen, so daß andere in Pillenform gegeben werden mußten. Der Kranke erhielt reine Pflanzenkost. Zum Frühstück erhielt er etwas Tee, mittags und abends Semmelsuppe, Fruchtsuppe, abgekochtes Obst und als Getränke Limonade, Wasser mit Himbeersaft, reines Wasser und zuweilen etwas Wein mit Wasser.

Auch weiterhin blieb der Erfolg nicht aus. Der Kranke hatte 14 Tage, bevor er endgültig das Bett aufsuchen mußte, 363 Berliner Pfund gewogen. Nach 4 Monaten wog er noch 267 Pfund, hatte also in dieser Zeit fast 100 Pfund verloren, was fast dem dritten Teil seines ursprünglichen Gewichtes entsprach. Dabei erklärte er, sich vollkommen wohl zu befinden. Nach weiteren 4 Monaten wog er noch 209 Pfund. Er versicherte, daß er überaus wenig Nahrung bedürfe, um satt zu werden. Er befand sich bei der damaligen Untersuchung vollkommen wohl, heiter, lebenslustig, war beweglich und tätig geworden, schlief ruhig. Er besaß guten Appetit, konnte sich aber gut mit der gewöhnlichen Menge von Nahrungsmitteln begnügen und nahm diese immer so gemischt, daß die pflanzlichen Bestandteile vorherrschend blieben.

Erstaunlich ist an diesem Fall, den Graefe beobachtet hat, vor allem, wie rasch es dem unmäßigen Esser gelungen ist, sich von seiner Leidenschaft für übermäßigen Fleischgenuß zu befreien. Die Leiden, die er durchgemacht hatte, werden ihm aber unter der Ermahnung des Arztes wohl als Folgen seiner Völlerei bewußt geworden sein und ihm als Abschreckungsmittel vor Augen gestanden haben. Sonst zeigt der Verlauf der Krankheit deutlich, wie Umkehr zu richtiger Lebensweise sozusagen noch im letzten Augenblick die Möglichkeit einer Wiedergenesung schaffen kann.

Beschwerden durch Dickwerden und Fettleibigkeit.

Im allgemeinen dauert es lange, bis so hochgradige Beschwerden erreicht werden. Die Beschwerden durch das gewöhnliche Dickerwerden sind oft sehr gering, zuweilen überhaupt nur seelisch und ästhetisch vorhanden. Sie richten sich abgesehen von der persönlichen Kraft und Widerstandsfähigkeit, nach dem Grad, den Dickwerden und Fettleibigkeit erreicht haben.

Die Vermehrung der Körpermasse bedingt erhöhte Arbeitsleistung. Das überschüssige Fett, das bei jeder Bewegung herumgeschleppt werden muß, ist in diesem Zusammenhang als „totes Gewicht" zu betrachten. Vermehrung der Muskelmasse trägt selbst wiederum zur Bewältigung zu leistender Arbeit bei. Ansatz von Fett bewegt nicht, sondern wird nur bewegt. Die Muskeln und alle Organe, die mit Bewegungen zu tun haben, werden dadurch mehr angestrengt. Beim Fettleibigen treten Ermüdung und Zeichen von Überanstrengung schon auf, wenn der Normalgewichtige noch ganz unbeeinflußt erscheint. In zweiter Folge wird durch diese rasche Ermüdung überflüssige Körperbewegung gern nach Möglichkeit vermieden, wodurch wiederum die Leistungsfähigkeit der Muskeln nachläßt, die Gelegenheit zur Kalorienabgabe vermindert wird.

Für den dicken Falstaff ist nichts ärger und härter, als sich zu Fuß an einen entfernteren Ort begeben zu müssen. „Wenn ich nur vier gemessene Fuß weiter zu Fuß gehe, so muß ich platzen", sagt er zu Prinz Heinrich. „Acht Ellen unebener Boden sind für mich zu Fuß so gut, wie ein Dutzend Meilen, und das wissen die hartherzigen Bösewichter recht gut." Um ihn wehrlos zu machen, haben ihm seine Genossen das Pferd geraubt. Er soll sich zum Lauschen auf den Boden legen. Entsetzt wehrt er ab: „Habt ihr Hebebäume, mich wieder aufzurichten, wenn ich einmal liege? Blitz, ich will mein Fleisch nicht wieder so weit zu Fuß schleppen, für alles Geld, was in deines Vaters Schatzkammer ist. Was zum Henker fällt euch ein, daß ihr mich so pferdemäßig arbeiten laßt?" Diese Abwehr Falstaffs wird verständlich, wenn man bedenkt, daß ein Fettleibiger von rund 120 kg Gewicht zur Überwindung einer Steigung von 10% mindestens ebensoviel Muskelanstrengung (und damit auch Herzkraft) braucht wie ein Normalgewichtiger von rund 60 kg, der in der gleichen Zeit eine Steigerung von 20% zu bewältigen hat.

Die klinische Betrachtung unterscheidet nach ihrem allgemeinen Aussehen zwei Typen von Fettleibigen: plethorische und anämische. Das Wort „plethorisch" kommt von pletho—ich bin voll, und bedeutet die vollsaftige Fülle. Das Wort „anämisch" kommt von haima—Blut, und bedeutet blutleer oder blutarm. Der plethorische Typ des Fettleibigen zeigt kräftigen Puls, gesundes Aussehen, rote Wangen und Lippen. Der anämische Typ weist eine bleiche Farbe der Haut und sichtbaren Schleimhäute auf, der Puls ist gewöhnlich wenig gespannt. Zum plethorischen Typ gehört der richtige dicke Trinker, wie man ihn sich gewöhnlich vorstellt, zum anämischen vielfach Frauen mit starkem Fettpolster, aber schlaffer, wenig entwickelter Muskulatur. Subjektiv fühlt sich der erste Typ gesünder, leistungsfähiger, obwohl er objektiv bei höheren Graden durch eine Neigung zum Bersten eines der stark gefüllten Blutgefäße (Schlaganfall) gefährdet sein kann. Vertreter des anämischen Typs fühlen sich oft wenig gesund, sind zu Anstrengungen auch leichter Art unfähig, leiden an Schwächezuständen, an unbefriedigender Darmtätigkeit. Steigerung der körperlichen Tätigkeit beantworten sie mit starker Schweißabsonderung, Herzklopfen, Atemnot, ja sogar mit Ohnmachts- und Schwindelanfällen. Die Erhöhung der körperlichen Anstrengung braucht dabei nur im Erklimmen einiger Stiegen zu bestehen.

Bei dem gewöhnlichen sozusagen gesunden Dickerwerden sind die Unterschiede dieser beiden Typen noch wenig oder gar nicht ausgeprägt.

Eine frühzeitige Unannehmlichkeit ist das Auftreten von Kurzatmigkeit oder Atemnot. Längeres, insbesondere beschleunigtes Gehen, Stiegensteigen rufen sie hervor. Es hängt das zum Teil mit einer gewissen Anstrengung des Herzens zusammen, die sich ja in dieser Form oft zuerst äußert, zum Teil aber mit den Atmungsorganen selbst. Der Brustkorb muß sich bei jedem Atemzug ausdehnen und wieder verengern. Diese Bewegung wird erschwert, wenn am Brustkorb viel Fett abgelagert, insbesondere zwischen den Zwischenrippenmuskeln, die die Bewegung des Brustkorbes ausführen, viel Fett eingelagert ist. Ein wichtiger Muskel bei der Atmung ist das Zwerchfell, das den Abschluß zwischen Brust- und Bauchhöhle bildet und durch seine Bewegung zur Ausdehnung und Zusammenziehung der Lungen, also zur Atmung, wesentlich beiträgt. Auch seine Tätigkeit wird durch Auflagerungen größerer Fettmengen gehemmt und erschwert.

Die Belastung des Herzens offenbart sich schon in der Kurzatmigkeit. Es treten aber bald weitere Anzeichen auf: Herzklopfen, Beschleunigung des Pulses nach geringfügigen Anstrengungen, Unregelmäßigkeiten im Pulsschlag. Bei schwereren Störungen infolge der Fettleibigkeit bildet meistens das Herz Mittelpunkt und Ausgangsstelle. Das Herz hat schon infolge der vielfach übergroßen Nahrungszufuhr eine erhöhte Arbeit zu bewältigen. Durch die Vergrößerung des Körperumfangs, die Einbauten zahlreicher Fettdepots wird das Verbreitungsgebiet der Blutgefäße vergrößert und damit die Arbeit, die das Herz als Motor zu leisten hat. Es bildet sich — namentlich bei dem plethorischen Typus — eine Herzvergrößerung aus, die zunächst der erhöhten Arbeit gerecht wird, aber nichts Normales, daher auch nichts Wünschenswertes darstellt. Die Furcht vor dem „Fettherz" ist nicht recht begründet, die Vorstellung davon auch durch verschwommenes Halbwissen in falsche Bahnen geleitet. Gewöhnlich ist darunter, wie ich in meinem Buch „Das Herz und die Blutgefäße" ausführte, die Fetteinlagerung um das Herz herum bei fettleibigen Menschen zu verstehen, aber diese scheint das Herz in seiner Leistungsfähigkeit und Bewegungsfreiheit nicht zu behindern. Das Herz ist nur bei fetten Personen ohnehin angestrengt, weil es infolge der größeren Körpermasse eine größere Arbeitsleistung zu bewältigen hat, und weil seine Bewegungsfähigkeit durch das infolge der Fettmassen in der Bauchhöhle hochgedrängte Zwerchfell etwas eingeschränkt ist. Der Herzmuskel kann dabei vollkommen gesund sein, und ist es auch in der Regel. Deshalb können erfolgreiche Entfettungskuren in so ausgezeichneter Weise zur völligen Wiederherstellung von Herzkraft und Herzleistungsfähigkeit beitragen. Die fettige Entartung des Herzmuskels, also der Ersatz guten Muskelgewebes durch arbeitsuntüchtiges Fettgewebe, ist keine Folge der Fettleibigkeit, sondern chronisch entzündlicher Vorgänge im Herzmuskel oder von Vergiftungen (vgl S. 15) Sie kann daher ebensogut bei abgemagerten Personen vorkommen wie bei dicken.

Die Überbelastung des Herzens zieht auf die Dauer auch die Blutgefäße in Mitleidenschaft. Dazu kommt, daß manche Lebensgewohnheiten, die zu Fettleibigkeit führen, namentlich allzuvieles Essen und Trinken, auch Schädigungen der Gefäße im Sinne arteriosklerotischer Veränderungen mit sich bringen. Je nach dem Sitz dieser Gefäßveränderungen können Gehirn, Nieren, Bauchspeicheldrüse, das Herz selbst (denn das Herz wird auch von Blutgefäßen ernährt) in weitere Mitleidenschaft gezogen werden. Fettleibigkeit kann bei falscher Lebensweise nur ein Anzeichen einer Allgemeinschädigung des Körpers sein.

Vergrößerung der Leber bei Fettleibigen hat häufig mit einer eigentlichen Fettansammlung in der Leber (Fettleber) nichts zu tun. Bei der eigentlichen „Mastfettleber", wie sie bei Tieren durch Mästung erzeilt wird und wie sie auch beim Menschen vorkommen kann, ist die Vergrößerung durch Fettablagerung im Innern des Organs hervorgerufen. Die berühmte „Straßburger Gänseleber" ist daher auch etwas sehr Nahrhaftes; bei Abmagerungskuren gehört sie zu den absolut verbotenen Dingen. Aber die Vergrößerung der Leber hängt nicht selten auch mit einer gewissen Unterwertigkeit der Herzleistung zusammen: das Blut fließt zu langsam durch die Leber, es staut sich dort, und so wird die Leber bluthaltiger und größer als normal.

Eine nicht seltene Begleiterscheinung stärkerer Fettleibigkeit ist die Bildung von Gallensteinen. Die übermäßig große Leber sinkt nach unten, dabei wird auf Gallenblase und Gallengang ein Druck ausgeübt, der den freien Durchfluß der von der Leber erzeugten Galle behindert, und das ist ein Vorgang, der für die Entstehung von Gallensteinen sehr förderlich ist.

Die Darmtätigkeit ist bei Fettleibigen oft sehr gehemmt, und das wird von ihnen besonders unangenehm empfunden. Die Bauchmuskeln sind geschwächt, die Darmbewegungen durch das anhaftende Fett behindert, dazu kommen falsche Ernährungsform und ungenügende körperliche Bewegung. Es ist oft nicht leicht, die vorhandene Darmträgheit zu überwinden.

Rein mechanisch schon ist ein häufiges Auftreten von Nabelbrüchen bei Fettleibigen verständlich. Kleine Lücken in der Nabelgegend werden durch die Vergrößerung des Bauchumfangs in die Weite gezogen; der Druck der fettreichen Eingeweide auf die Bauchdecken ist gesteigert; kleine Fettgeschwülste (Lipome) setzen sich zwischen den Sehnenfasern dieser Gegend fest, klemmen sich ein und erweitern die vorhandene Öffnung. Jede Anstrengung führt durch den von ihnen ausgeübten Druck zu neuer Vergrößerung der Bruchöffnung. Ein Nabelbruch stellt für den Fettleibigen immer eine unangenehme und beachtenswerte Erscheinung dar. Einklemmung von Netz oder Darmteilen sind nicht selten. Die Lösung und Rückschiebung der eingeklemmten Teile gelingt nicht immer leicht, weil eben durch die in und auf dem Bauch vorhandenen Fettmassen eine Erschwerung gegeben ist; dann bleibt nur operative Freimachung übrig. Bruchbänder halten den Bruch zum Teil nicht genügend zurück, so daß bei Menschen mit Nabelbruch, die sehr zu Fettleibigkeit oder Fettsucht neigen, eine Nabelbruchoperation vielfach aus Vorsicht schon frühzeitig vorgenommen wird.

Große Beschwerden erwachsen dem Fettleibigen durch die Eigentümlichkeiten seiner Wasserabgabe. Er schwitzt schon bei kleinen Anstrengungen. Wenn die Luft heiß, die Verdunstungsmöglichkeit des Hautwassers also erschwert ist, geht die Leistungsfähigkeit eines dicken Menschen rasch stark zurück. In kalter oder trockener Luft fühlt er sich wohl und leistungsfähig. Die Regulierung der Körperwärme durch den verdunstenden Schweiß, wodurch Abkühlung hervorgerufen wird, ist für den dicken Menschen, der viel Wärme erzeugt, sehr wichtig, jede Störung macht sich peinlich bemerkbar.

In Rubners Laboratorium haben Schattenfroh, Broden und Wolpert eine Reihe bemerkenswerter Untersuchungen über den Unterschied der Wasserabgabe bei dicken und mageren Personen angestellt. Es konnten verschiedene exakte Feststellungen gemacht werden. Im nackten Zustand sind ein fetter und ein magerer Mensch in der Wasserdampfausscheidung bei 25—30° C wenig unterschieden; von dieser Temperaturgrenze an ändern sich die Verhältnisse, indem der Fette immer höhere Wassermengen abgibt als der Magere (also heftiger schwitzt). Im bekleideten Zustand verhält sich der Fette bei 20—22° und in der Ruhe im wesentlichen wie der Magere, in feuchter Luft wird die Wasserdampfabgabe mehr oder weniger herabgesetzt. Bei 28—30° nimmt die Wasserabgabe stark zu, beim Fetten zeigt sich, im Unterschied von dem Normalen, in feuchter Luft eine Zunahme der Wasserdampfabgabe. Bei 36—37° ist die Schweißabsonderung beim Fetten außerordentlich gesteigert. Er vermag das längere Zeit nur bei erheblicher Trockenheit der Luft zu ertragen, während der Magere noch wenig ungünstig beeinflußt wird.

Die Eigenart der Wirkung des Fettreichtums tritt, wie aus diesen Laboratoriumsuntersuchungen geschlossen wird, bei mittleren Temperaturen wenig in Erscheinung, dagegen rasch bei warmer und sehr warmer Luft. Hier kann sie im Verein mit Zunahme der relativen Feuchtigkeit der Luft sich zur lebensbedrohenden Überwärmung des Körpers steigern: es besteht die Gefahr des Hitzschlags. Der Fette hat also bei höheren Temperaturen in seinen Lebensbedingungen und Gesundheitsgrenzen eine wesentlich eingeschränkte Anpassungsmöglichkeit. Jahreszeitliche Änderungen oder klimatische Schwankungen können infolgedessen Anlaß zu Gesundheitsstörungen geben. Die Fähigkeit, in feuchtheißen Ländern zu leben, wird durch Fettleibigkeit in Frage gestellt.

Mit dieser geringeren Widerstandsfähigkeit gegen Hitze scheint aber eine merkliche Erhöhung der Widerstandsfähigkeit gegen Kälte nicht gegeben zu sein. Das Gefühl des Frostes war bei dem Fetten bei 24—25° im nackten Zustand nicht vermißt worden, es konnte sogar ein geringes Absinken der Körpertemperatur bei 25° beobachtet werden, während bei einem gesunden Mageren diese Erscheinung nicht zu finden war.

Die Schweißbildung kann bei dicken Menschen außerordentlich hohe Werte erreichen, wie sie beim Mageren nie zu finden sind. Bei leichter Arbeit wurden stündlich 535 g Wasser von der dicken Versuchsperson abgegeben (davon als Schweiß 266 g), das macht in wenigen Stunden 3—4 l aus! Ein solch großer Flüssigkeitsverlust muß sich in Eindickung des Blutes und der Gewebssäfte geltend machen, und damit zu Müdigkeit, Arbeitsunlust, und Leistungsunfähigkeit führen. Vor allem wird auch verständlich, warum dicke Personen ein so großes Flüssigkeitsbedürfnis haben. Es ist daher doppelt hart, und in der Regel unnötig, eine Abmagerungskur auf Flüssigkeitsentzug zu gründen.

Diese Entlastung durch die Haut reicht nicht hin, um die Nieren des Fettleibigen vor Überlastung zu schützen. Die Nieren sind bei Fettleibigen häufig in Mitleidenschaft gezogen, woran oft die gleichen Umstände schuld sind, die die Fettleibigkeit im Gefolge haben. Abnahme des übermäßigen Körpergewichtes kommt den Nieren oft fühlbar zugute.

Die starke Schweißabsonderung bewirkt Schädigungen der Haut, die den Fettleibigen besonders unangenehm und lästig sind. In der Tiefe der Hautfalten oder bei Hautstellen, die sich aneinander reiben, kommt es zu Zersetzung des Schweißes, weiterhin zur Bildung von Ekzemen („Wolf"). Brennen, Jucken und Spannungsgefühl behindert die Erkrankten außerordentlich. Peinliche Sauberkeit, vorsorgliches Pudern, Abreibungen mit Alkohol, Salbenbehandlung usw. können das Neuauftreten der Hauterkrankungen vermeiden lassen. Dauernde Hilfe wird aber im allgemeinen doch erst durch Beseitigung der Fettleibigkeit zu erreichen sein.

Manche fettleibigen Personen leiden unter übermäßiger Schweißbildung, die nur durch eine Übertätigkeit der Schweißdrüsen zu erklären ist. Ohne besondere Ursache tritt ein starker Schweißausbruch auf. v. Noorden berichtet von einem fettleibigen Herrn, der diese Erscheinung periodenweise darbot, und der von ihm veranlaßt wurde, sich auf seinem Bureau öfters unbekleidet zu wiegen. Während dieser Mann bei 20° C am Stehpulte rechnete und schrieb, hatte er innerhalb einer Stunde 550 g durch Schweiß und Wasserverdunstung verloren (im Mittel von drei Bestimmungen). Das ist ein Verlust, der von vielen nicht einmal in einem einstündigen Schwitzbad erreicht wird. Auch diese Erscheinung läßt sich ernstlich nur durch Abnahme der Fettleibigkeit bessern.

Beurteilung und weiterer Verlauf (Prognose).

Wie ist nun die Fettleibigkeit zu beurteilen? Ist sie gefährlich? Oder braucht sie nicht so tragisch genommen zu werden?

Es ist kein Zweifel, daß starke Grade von Fettleibigkeit eine ausgesprochene Überbelastung aller Organtätigkeit mit sich bringen, daher zu rascherer Abnützung führen (Abb. 10). Die oft spät, oft sehr frühzeitig auftretenden mannigfachen Beschwerden sind ein Anzeichen dafür. Fettleibigkeit ist häufig nur das erste Warnungssignal des durch falsche Lebensweise bedrohten Körpers, ein sichtbares Memento, das auch beachtet werden soll.

Die Beurteilung hängt wie immer vom einzelnen Fall ab. Fettleibigkeit durch Völlerei ist anders einzuschätzen als konstitutionelle Fettsucht. Das Lebensalter, in dem sie auftritt, gibt einen wichtigen Anhaltspunkt für die Beurteilung. Wenn in höherem Alter ein Mensch dick oder sogar etwas fettleibig wird, wenn der einmal erreichte Standpunkt (wie das häufig der Fall ist) festgehalten und nicht mehr überschritten wird, so ist daraus keine Gefährdung zu erwarten. Geringe Unbequemlichkeiten, Kurzatmigkeit, Neigung zu Katarrhen usw. sind zwar damit verbunden, aber keine unmittelbare Gefahren. In gewissem Sinn ist das Vorhandensein eines kleinen Reservedepots für Krankheitsfälle bei solchen älteren Leuten sogar zu begrüßen. Etwas anderes ist es, wenn es sich nicht um das „normale" Dickerwerden infolge etwas Nahrungsüberschuß oder zu wenig Bewegung handelt, sondern wenn die Ursache des Fettansatzes gleichzeitig Ursache von Organschädigungen ist, wie beispielsweise beim Alkoholismus. Im Einzelfall wird der Arzt zu entscheiden haben, aus der Kenntnis des Gesamtbefundes heraus, ob eine Fettleibigkeit harmlos anzusehen, ob eine Entfettung notwendig oder nur wünschenswert ist. In der Beurteilung ist also ein Mittelweg angebracht. Im allgemeinen ist eine pessimistische Auffassung nicht am Platz, aber noch weniger eine Unterschätzung der auftretenden Beschwerden.

Dicke Leute sind oft sehr empfindlich gegenüber Äußerungen über ihr Aussehen und Befinden. In der Tat ist es auch kein Spaß für einen dicken Menschen, der sich bemüht nach den Regeln gesundheitlicher Lebensführung zu leben, der die vorgeschriebene Magerkost einhält, turnt und Sport aller Art treibt, der auch wirklich seit einigen Monaten ordentlich abgenommen hat, es ist kein Spaß für einen solchen gewissenhaften und besorgten Menschen, wenn ihn jemand auf der Straße anspricht: „Sie haben

Abb. 10. Welche Aussichten auf höheres Alter haben schlanke Menschen im Vergleich zu beleibten? Nach sorgfältigen Aufzeichnungen von Lebensversicherungs-Gesellschaften können schlanke Personen hoffen, länger zu leben. Die abgebildeten mageren Männer (links) haben etwa 15 kg unter dem Durchschnittsgewicht; die starken (rechts) etwa 15 kg Übergewicht. Jede Gruppe beginnt bei 30 Jahren mit 10 Personen. Bei 40 Jahren hat jede Gruppe einen Mann verloren. Bei 60 Jahren haben sich noch 3 beleibte Männer verabschiedet, während die schlanken ihre Zahl aufrecht erhalten haben. Bei 70 Jahren ist noch die Hälfte der Untergewichtsmenschen übrig geblieben, während die anderen Personen auf 3 herabgesunken sind. Über die Schwelle von 80 Jahren gelangen 3 von den 10 schlanken Männern, während nur ein einziger der beleibten das Ziel erreicht.

ordentlich zugenommen, lieber Freund!" Nicht nur die Stimmung ist ihm für den ganzen Tag verdorben, sondern er bekommt Zweifel, ob die Entbehrungen und Mühen, die er sich auferlegt, überhaupt Zweck hätten, ob ihm jemals noch etwas gründlich helfen könne. Es ist ein großes Unrecht, wenn sich manche Menschen berechtigt glauben, einem begegnenden Bekannten unaufgefordert ihre Meinung über sein Befinden und Aussehen kund zu tun. Damit ist schon viel Unheil angerichtet, viel Betrübnis und Schlimmeres gesät worden. Es gehört zur allgemein menschlichen Erziehung, sich hier vor unberufenen Worten zu hüten. Dann wird man auch nicht in die Lage kommen, wie das in verschiedener Hinsicht vorkommen kann, Reue über Worte fühlen zu müssen, die man einem kranken, scheinbar gesunden, oder sehr empfindlichen Menschen zu dessen Mißvergnügen gesagt hat.

Im übrigen ist die Prognose der Fettleibigkeit — und selbstverständlich in höherem Grade des gewöhnlichen Dickwerdens — schon deshalb günstig zu stellen, weil sie durch geeignete Maßnahmen wirksam zu beeinflussen ist. Hierin unterscheidet sie sich sogar wesentlich von anderen Krankheiten, die mit ihr in Verbindung gebracht werden. Die konstitutionelle Fettsucht ist freilich schwerer zu beeinflussen, manchmal so gut wie gar nicht. Aber jene häufigen Fälle, in denen eine verkehrte Lebensweise an dem Fettansatz schuld ist, können sich rasch erstaunlich günstiger gestalten. Voraussetzung dafür ist richtige, vielseitig orientierte Anleitung von seiten des Arztes, Gewissenhaftigkeit und Willenskraft von seiten des Schlankheitssuchenden.

6. Fettsucht.

Dickwerden und Fettleibigkeit, soweit sie von übermäßigem Essen, geringer Bewegung usw., also von mehr äußeren Dingen herrühren, nennt man auch „exogene" Fettleibigkeit. Ihr Gegensatz ist eine „endogene" Entstehung, bei der Störungen im inneren Fettstoffwechsel, Verlangsamung der normalen Verbrennungen, den Fettansatz bewirken. Eine scharfe Trennung dieser beiden Formen ist nicht durchführbar: bei den exogenen Formen spielen innere, konstitutionelle Ursachen auch eine Rolle, was schon daraus hervorgeht, daß manche Menschen übermäßig viel essen und dabei doch nicht zunehmen. Ebenso kann bei der vorhandenen Neigung zu Fettsucht unrichtige Lebensweise die Erscheinungen erst offenbar und übermäßig stark werden lassen.

Die Unterscheidung der beiden Arten, auch wenn sie nicht immer scharf durchzuführen ist, bewährt sich indes praktisch. Die Fragen nach der Ursache wie nach der Behandlung werden je nach der Einreihung in exogene Fettleibigkeit oder endogene Fettsucht verschiedene Antwort erfahren. Die übermäßige Leibesfülle, soweit sie endogen aufzufassen ist, wird in diesem Buch als „Fettsucht" bezeichnet. Es erscheint das als zweckmäßig, weil der Wortbestandteil „sucht" eine innere krankhafte Veranlagung anzeigt. Hierher gehören also jene Ursachen, die man in Eigentümlichkeiten der Konstitution, Vererbung, inneren Sekretion, des Stoffwechsels, bestimmten krankhaften Veranlagungen usw. begründet sieht. Eine scharfe Definition und Auseinanderhaltung läßt sich hier so wenig durchführen wie bei anderen Gelegenheiten, wo einander ähnliche Erscheinungen in breiter Grenze verwaschen ineinander übergehen.

Charakteristisch für diese Fettsucht ist es, daß derartige Menschen nicht mehr essen und nicht weniger körperlich tätig sind als andere normale Menschen, und trotzdem ständig an Umfang zunehmen. Neuere Stoffwechseluntersuchungen, namentlich v. Bergmanns, haben eine Verlangsamung des Stoffwechsels bei Fettsüchtigen sichergestellt. Abnorm geringer Kalorienverbrauch ließ sich bei geeigneter Versuchsanordnung nachweisen. Die Folge dieser in der Körperkonstitution begründeten Besonderheit ist es, daß normale Kalorienmenge in der Nahrung schon Fettansatz hervorruft, also so wirkt, wie bei normaler Konstitution eine Mastkost. Lebensnotwendigkeiten lassen eine Verminderung der normalen Nahrungsmenge unter ein gewisses Maß aber nicht zu. Vielleicht hat man sich den Vorgang auch so vorzustellen, daß Fettbildner von den übermäßig fettgierigen Zellen des Körpers angezogen, abgelagert und damit der Verbrennung entzogen werden. Das ist aber nur eine Hilfsvorstellung.

Konstitutionelle Fettsucht wird in der Kindheit beobachtet. Schon dieser Umstand läßt an Zusammenhänge mit Vererbung denken. Es gibt, wie jeder aus eigener Beobachtung weiß, Familien, in denen viele dicke Familienmitglieder vorkommen und auch die Kinder schon frühzeitig den Eltern nachgeraten. Die Entwicklung der Fettsucht geht in der Mehrzahl der Fälle langsam vor sich.

Auch in bestimmten Völkerschaften und Rassen wird Fettsucht, wie bereits ausgeführt, gehäuft beschrieben, so bei orientalischen Völkern, bei Holländern, bei Juden usw. Willkürlich wie diese ganze Einteilung ist auch der Versuch, gehäuftes Auftreten von Fettsucht als konstitutionelle Rassen-usw. -eigentümlichkeit zu deuten. Die mindeste Voraussetzung für eine solche Annahme wäre es, daß Fettansatz fördernde Lebensgewohnheiten bei diesen Familien, Rassen und Nationalitäten nicht vorhanden sind. In Wirklichkeit ist gerade das Gegenteil der Fall. Es läßt sich einwandfrei zeigen, daß gerade in solchen Fällen Lebensgewohnheiten die Fettleibigkeit großenteils erst hervorrufen oder die Neigung zu Fettsucht fördern. Ein großer Teil der mit Vererbung usw. in Zusammenhang gebrachten konstitutionellen Fettsucht wandert damit zur Klasse der exogenen Fettleibigkeit über.

Es ist beispielsweise die Beobachtung gemacht worden, daß sich Fettleibigkeit durch die weiblichen Nachkommen weiter vererbt. Der Großvater war also dick, und die Kinder seiner Tochter, seine Enkel in weiblicher Linie, werden wieder dick. Es lag nahe, hier ähnliche Erbgänge anzunehmen wie etwa bei der Bluterkrankheit, wo die Neigung zu Blutungen sich auf die eben geschilderte Weise vererbt. Es kann aber auch ein ganz anderer Grund hier vorliegen, und er ist der wahrscheinliche. In manchen Familien, auch in manchen Gegenden, wird sehr kräftig, d. h. fett gekocht. Die Töchter übernehmen die Kochgewohnheiten von ihrer Mutter und wenden sie nach ihrer Verheiratung in ihren eigenen Familien wieder an. Nicht konstitutionelle

Momente kommen also hier für die Vererbung der Fettleibigkeit in Betracht, sondern äußere Angewohnheiten, wenn man will, Erziehungseinflüsse.

Von besonderem Interesse sind hier die Verhältnisse bei den Juden, die aus klinischer Erfahrung als besonders zu Fettleibigkeit disponiert gelten. v. Noorden hat hierüber reiche Erfahrung sammeln können, und seine Ansichten darüber können als überzeugend gelten. Die Juden sind in allen Ländern verstreut und trotz der verschiedenartigen Umgebung sind bei ihnen überall zahlreiche fettleibige Personen zu finden. Der Gedanke an eine gemeinsame erbliche Veranlagung liegt nahe. „Doch wäre es fehlerhaft", sagt v. Noorden, „sie in vererbten Besonderheiten der protoplasmatischen Zersetzungsenergie zu suchen, solange andere Erklärungen ausreichen. Sie sind in der außerordentlichen und bewundernswerten Gleichmäßigkeit der Sitten und Gebräuche der Juden gegeben". Besonders trifft das für die Frauen zu, die viel im Haus und für den Haushalt leben, dabei viel zu tun, aber wenig körperliche Anstrengungen zu verrichten haben. Bei den jüdischen Männern spielt Alkoholismus von jeher so gut wie keine Rolle. Aber fettleibige Männer finden sich fast nur in den wohlhabenden Schichten der jüdischen Bevölkerung — was auch nicht der Fall sein könnte wenn hier eine Rasseneigentümlichkeit vorläge — die in ihrem Beruf wenig körperlich tätig sein müssen, aber häufig viel zu viel essen. Die jüdische Küche ist zwar, wie der starke Besuch besserer jüdischer Restaurants lehrt, als gut bekannt, sie kann aber infolge ihres hohen Fettgehaltes nicht als „gesund" bezeichnet werden. Namentlich spezifisch jüdische Mehlspeisen bedeuten eine starke Belastung für einen an viel Fett nicht gewöhnten Magen; sie sind auch eine Hauptquelle für übermäßigen Fettansatz bei Mitgliedern jüdischer Familien. Jedenfalls ist hier eine klare Ursache für die Häufigkeit und Vererbung der Fettleibigkeit in jüdischen Familien zu suchen.

Störungen der inneren Sekretion.

Für das Auftreten endogener Fettsucht sind Unregelmäßigkeiten und Störungen der inneren Sekretion zweifellos häufig verantwortlich zu machen. Ja, es gibt eine Auffassung, nach der die endogene Fettsucht immer damit in Zusammenhang zu bringen ist. Der Einfluß der innersekretorischen Drüsen auf den Körper ist außerordentlich stark. Die innersekretorischen Stoffe werden von den Drüsen ohne besondere Ausführungsgänge (wie bei den außensekretorischen Stoffen) dem Blut mitgegeben, das sie durchströmt. Mit dem Blut kreisen sie im Körper und gelangen überall hin. Sie sind für Wachstum und Formgestaltung von ausschlaggebender Bedeutung. Man bezeichnet die — noch nicht isolierten Stoffe — der inneren Sekretion wohl auch als Hormone (vom griechischen hormao — ich bewege), weil sie einen bewegenden Einfluß auf viele Vorgänge im Körper ausüben. Störungen müssen die Bewegung in falsche Richtung leiten.

Schilddrüse, Keimdrüsen, Thymus, Hypophyse (der Gehirnanhang), sie beeinflussen Wachstum und Fettansatz außerordentlich. Die innersekretorischen Stoffe der Schilddrüse dienen offenbar dazu, das Verbrennungsfeuer bei den normalen Stoffwechselvorgängen gleich einem Blasbalg anzufachen. Es gibt angeborene oder auch im Lauf des Lebens erworbene Krankheitszustände der Schilddrüse, bei denen eine Unterfunktion der Schilddrüse (Hypothyreoidismus) besteht, in ausgeprägter Weise z. B. bei Kretins. Verkümmerung des Schilddrüsengewebes führt zu ungenügender Erzeugung ihres Hormons. Hand in Hand damit tritt Fettsucht auf. Umgekehrt bewirkt Überfunktion der Schilddrüse (Hyperthyreoidismus), wie sie klassisch in den Erscheinungen der Basedowschen Krankheit ihren Ausdruck findet, Steigerung aller Stoffwechselvorgänge, daher Abmagerung. Schilddrüsensubstanz ist geradezu ein Abmagerungsmittel und wird tatsächlich zu Entfettungskuren viel benützt. Bei mäßiger Untertätigkeit der Schilddrüse können geeignete Ernährung und sonstige Lebensweise die vorhandene Disposition zu Fettsucht lange nicht zur Geltung kommen lassen.

Der Einfluß der Keimdrüsen auf den Fettreichtum des Körpers ist — im Gegensatz zur Einwirkung der Schilddrüse — seit Jahrtausenden bekannt. Als äußeres Sekret geben die männlichen Keimdrüsen (die Hoden), die Samenfäden ab, die weiblichen (die Eierstöcke) die Eizellen. Die von männlichen und weiblichen Keimdrüsen ins Blut abgeschiedenen Hormone lösen den Geschlechtstrieb aus, sind Anreger der Ausbildung der sekundären Geschlechtsmerkmale (Haarwuchs, Brustentwicklung, Stimmunterschiede, Skelettbau, seelisches Verhalten usw.). Auch die verschiedene Art der Fettverteilung beim männlichen und weiblichen Körper ist zu den sekundären Geschlechtsmerkmalen zu rechnen.

Fehlen die Keimdrüsen und damit ihre innersekretorischen Stoffe, oder sind sie ungenügend entwickelt, oder werden sie (wie bei Kastraten, Eunuchen) künstlich entfernt, so treten einschneidende und auffallende Veränderungen in Wachstum und Gestalt auf. Es kommt zur Ausbildung von Fettsucht, die als eunuchoide oder hypogenitale bezeichnet wird. Der Name weist auf das fehlende oder herabgesetzte Keimdrüseninkret hin (Inkret = Hormon). Charakteristisch für diese Art der Fettsucht ist vielfach nicht so sehr eine starke Vermehrung des Körperfettes als eine Anlagerung von Fett an den Stellen, die typisch für den Fettansatz beim weiblichen Geschlecht sind, also an Brüsten, Hüften, Gesäß, Oberarmen und Oberschenkeln. Der Körper derartiger Männer erhält infolgedessen ein ganz weibliches, feminines Aussehen. Bei Frauen äußert sich die Herabsetzung des Keimdrüseninkretes nicht in einer Veränderung der Fettverteilung, sondern in einer Vermehrung an den üblichen Stellen. In den Wechseljahren, wenn sich die weiblichen Keimdrüsen zurückbilden, ihre innersekretorischen Stoffe abnehmen, ist daher Zunahme der Leibesfülle etwas ganz Physiologisches. Mit der Änderung der Fettverteilung beim Mann ist in solchen Fällen häufig auch Fettsucht, übermäßige Zunahme, verbunden. Zum Teil wird dafür eine möglicherweise gleichzeitig bestehende Untertätigkeit der Schilddrüse verantwortlich gemacht.

Ob wirklich die Herabsetzung des inneren Keimdrüsensekretes zu einer Verminderung der Verbrennungen und auf diesem Weg zu Fettansatz führen kann, ist nach wie vor nicht sicher bewiesen. Es wurde (von Lüthje) der Stoffwechsel bei kastrierten und nichtkastrierten Hunden des gleichen Wurfes mehr als ein Jahr lang sorgfältig untersucht, ohne daß irgendwelche Unterschiede gefunden werden konnten. Demgegenüber stehen Untersuchungen von Loewy und Richter, die bei kastrierten Tieren die Sauerstoffaufnahme um 14—20% sinken sahen. Die Darreichung von Ovarialsubstanz, also Verabfolgung eines Inkretes der Keimdrüsen durch den Verdauungskanal, ließ die Sauerstoffaufnahme bei den kastrierten Tieren wesentlich steigen. Derartige Ergebnisse sind geeignet die Annahme verminderter Verbrennungen und darauf zurückzuführender Fettsucht bei Herabsetzung der inneren Keimdrüsensekretion zu stützen. Die Nichtübereinstimmung der verschiedenen Untersuchungen ist möglicherweise damit in Verbindung zu setzen, daß die Keimdrüsen allein nicht maßgebend für die in Betracht kommenden Stoffwechselvorgänge sind, sondern daß die Schilddrüse hier vielleicht die Oberleitung hat. Es bedarf noch eingehender Untersuchungen, ehe eindeutige Klarheit geschaffen ist. Löwy und Kaminer fanden bei einem Mann, der infolge einer Schußverletzung seine Hoden verloren hatte und den charakteristischen eunuchoiden Fettansatz bekam, eine Herabsetzung des Grundumsatzes, also eine Verminderung des täglichen Kalorienverbrauches für die Aufrechterhaltung seines Körper- und Wärmebetriebes. Durch Zuführung innersekretorischer Stoffe ließ sich das wieder steigern. Nicht in allen Fällen reagiert freilich der Körper so willig auf die Behandlung mit innersekretorischen Stoffen (Organtherapie).

Veränderungen der Hypophyse, des Hirnanhangs, können gleichfalls auf innersekretorischem Wege zu Fettsucht führen. Namentlich Geschwülste der Hypophyse können die Entstehung oder den Abfluß des einflußreichen Inkretes behindern. Ein Hormon, das von der Hypophyse gebildet wird, soll bedeutenden Einfluß auf das in der Nähe gelegene „Stoffwechselzentrum" haben, das ist eine Stelle im Gehirn, von der aus die Regulierung des Stoffwechsels erfolgen würde (wie die Regelung der Sprache vom Sprachzentrum usw.) Wenn der von der Hypophyse gelieferte Stoff ausbleibt, oder durch Erkrankungen im Stoffwechselzentrum selbst, soll Fettsucht auftreten können. Entzündliche Vorgänge, die an und für sich häufig sind, kämen dafür in Betracht. So interessant diese Theorien sind, so wenig sind sie gefestigt. Mit Hypophysenerkrankungen sind sehr häufig auffällige Störungen im Gebiet der Keimdrüsenwirkung verbunden. Es ist sehr wohl denkbar, daß das Auftreten von Fettsucht von diesen Störungen im Keimdrüsenbereich oder in anderen innersekretorischen Drüsen, wie der Schilddrüse, abhängt. Alle Drüsen mit innerer Sekretion stehen miteinander durch den Blutweg in innigster Verbindung. Wenn eine Drüse fehlt oder eine übermäßige oder zu geringe Wirkung ausübt, so suchen die anderen durch entsprechende Einstellung möglichst rasch eine Gegenwirkung zu schaffen. Es ist deshalb schwer zu unterscheiden, wie weit bestimmte Zeichen von der ursprünglichen Erkrankung (Hypophyse) oder von dadurch hervorgerufenen sekundären Veränderungen (Schilddrüse, Keimdrüsen) veranlaßt sind. Für die Behandlung solcher Störungen sind derartige Überlegungen sehr wichtig.

Auch Thymus, Nebennieren, Pankreas, Zirbeldrüse, werden als Drüsen mit innerer Sekretion mit Fettsucht in Verbindung gebracht. Hier sind die Verhältnisse noch sehr wenig geklärt.

Gewisse Störungen des Stoffwechsels sind nachweisbar, ohne daß Störungen von seiten der innersekretorischen Drüsen vorhanden oder wenigstens feststellbar sind. So fand R. Plaut, daß in allen Fällen einfacher Fettsucht ohne charakteristische Erscheinungen seitens der inneren Sekretion nach einem eiweißreichen Frühstück die Kalorienerzeugung sich in den ersten 2 Stunden meist nur um 5—15% über den Grundumsatz erhob, während die Steigerung bei Gesunden durchschnittlich 24—30% betrug. (Dasselbe fand sich auch bei Fettsucht, die mit der Hypophyse in Zusammenhang zu bringen war.)

Fettsucht ist, wie die Erfahrung lehrt, häufig mit anderen Krankheiten vergesellschaftet. Man ist versucht, und wohl auch berechtigt, an einen gemeinsamen Ursprung dieser verschiedenen Äußerungen zu denken. Eine Besonderheit der Konstitution schafft die Krankheitsbereitschaft, die sich vielleicht je nach der zufällig einwirkenden Schädlichkeit in verschiedener Form offenbart. Diese Krankheitsbereitschaft wird in Frankreich als „Arthritismus" bezeichnet. Der Arthritismus wird als gemeinsame Grundlage von Diabetes, Gicht, Fettsucht, Arteriosklerose, Schrumpfniere, Asthma und anderen Erscheinungen betrachtet. Für die allgemeine Auffassung von der Entstehung eines Leidens wie für die Grundsätze der Behandlung kann eine solche Anschauung von Bedeutung werden.

Auffallend ist die häufige Verquickung von Diabetes (Zuckerkrankheit) und Fettsucht. Zur Erklärung dieses Zusammentreffens hat v. Noorden eine bemerkenswerte These aufgestellt. Bei ausgesprochenem Diabetes ist die Fähigkeit der Zuckerverbrennung wie die Fähigkeit der Fettbildung aus Kohlehydraten dem Körper mehr oder weniger abhanden gekommen. In manchen Fällen hat aber zunächst nur die Fähigkeit der Zuckerverbrennung abgenommen, dagegen wird die Fettbildung aus Kohlehydraten noch vollzogen. Die Körperzellen darben dabei, weil sie das Zuckermolekül nicht oder nur schwer angreifen können. Infolgedessen entsteht eine Art Gewebehunger, der Hunger verursacht und starke Nahrungszufuhr im Gefolge hat. Letztere wird dann zur unmittelbaren Ursache der Fettsucht. Solche Menschen sind eigentlich schon zuckerkrank, sie entleeren aber den Zucker nicht durch den Harn nach außen, sondern in das einer Beschickung noch willig zugängliche Fettpolster.

Als Dercumsche Krankheit (Adipositas dolorosa) wird nach ihrem ersten Beschreiber eine Krankheit bezeichnet, bei der allgemeine oder umschriebene Fettwucherungen des Hautgewebes mit Schmerzhaftigkeit und hoher Druckempfindlichkeit des Fettgewebes verknüpft sind. Das Aussehen ist ähnlich wie bei der gewöhnlichen Fettsucht, aber an einzelnen Stellen (den Armen, den Beinen, dem Hals) häuft sich das Fett stärker an. Eine Störung im Bereich mehrerer Drüsen mit innerer Sekretion wird für das Auftreten der Dercumschen Krankheit verantwortlich gemacht.

Wenn an einzelnen Stellen des Körpers auffallende Anhäufungen von Fett entstehen, wenn sich Fettgeschwülste (Lipome) in mehrfacher Anzahl bilden, so wird diese Erscheinung als Lipomatose bezeichnet. Günther unterscheidet vier verschiedene Arten der Lipomatose: das Vorkommen vielfacher Fettgeschwülste ohne besondere Nebensymptome; eine Form, die mit Schmerzen verbunden ist; eine Form, die mit regelmäßigem Fettschwund an anderen Körperstellen einhergeht; eine Form, die mit Wucherung auch anderer Gewebsarten als des Fettes verbunden ist (arterieller Riesenwuchs). Einzelne Fettgeschwülste sind eine sehr häufige Erscheinung. Sie gehören zu den gutartigen Geschwülsten. Ihre Entstehungsursache ist ganz ungeklärt.

7. Das dicke Kind.

Es ist das Streben vieler Eltern, „Prachtkinder" zu erzielen. Die Kinder sollen möglichst groß und wohlgenährt sein. An der Wage, an der Menge der Nahrung wird das Befinden des Kindes abgelesen.

Die Folge solchen Strebens ist entweder eine Erziehung der Kinder zur Überfütterung oder, was infolge der unverdorbenen, gesunden Natur des Kindes glücklicherweise das Häufigere ist, ein ständiger Krieg zwischen den Eltern und Erziehern, die dem Kind mehr zu essen geben wollen, und den Kindern, die nichts mehr zu sich nehmen wollen. Sieger in diesem Kampf bleiben meistens die Kinder. Alles Unnatürliche hält auf die Dauer dem Streben des Natürlichen nicht stand.

Es gibt Kinder, die immer und alles essen. Aber andere Kinder sind anders und da müssen sich auch die Erzieher anders einstellen. Kinder brauchen zwar im Verhältnis zu Größe und Gewicht mehr Nahrung als der Erwachsene: sie müssen ihren Körper nicht nur erhalten, sondern auch aufbauen. Sehr häufig gibt man den Kindern — aus guter Absicht — zuviel zu essen, mehr als ihnen zuträglich und wünschenswert ist. Man braucht sich da nicht zu wundern, wenn das Kind auf einen Teil des Dargebotenen verzichtet. Andererseits ist es nicht verwunderlich, daß Kinder, die sich zu so großer Nahrungseinnahme hergeben, schließlich übermäßig dick werden. Überernährung kann dazu führen, daß im 1. und 2. Lebensjahr Gewichte erreicht werden, die bei natürlicher Entwicklung erst dem 8. oder 10. Lebensjahr angemessen sind.

Man kann den Kindern abgewöhnen, zu erkennen, wann sie wirklich satt sind. Hufeland ist der Ansicht: „Man kann mit Wahrheit behaupten, daß der größte Teil der Menschen viel mehr ißt, als er nötig hat, und schon in der Kindheit wird uns durch das gewaltsame Hinunterstopfen und Überfüttern der natürliche Sinn genommen, zu wissen, wenn wir satt sind". Dabei müssen es nicht immer die Hauptmahlzeiten sein, die durch Übermaß an Menge oder Fettgehalt den Fettansatz beim Kind allzusehr fördern; auch die Zwischenmahlzeiten, das Naschen und Schlecken in der Küche, das Essen von Schokolade und Süßigkeiten wirken in gleicher Richtung. Vertrauen zur kindlichen Natur ist am Platz. Sie wird, wenn man sie recht versteht, nicht falsche Wege führen. Zum Glück ist die kindliche Natur widerstandskräftig genug, um den vielen gutgemeinten, aber recht oft schlecht angebrachten Beeinflussungsversuchen erfolgreich zu widerstehen. Drum hat es keinen Sinn, mit List und Zwang gesunde Kinder zu mehr Nahrungszufuhr bringen zu wollen, als sie von selbst begehren. Kindern und Eltern würden dadurch viele unnötige Sorgen und Auseinandersetzungen erspart.

Kinder werden selten als dick geboren, meistens dazu erzogen. Die Nahrungszufuhr bei der hoffenden Mutter hängt auffallend wenig mit dem Geburtsgewicht der Kinder zusammen. Die Kinder holen sich aus dem mütterlichen Blut das, was sie brauchen, und wenn die Mutter schlecht ernährt ist, nehmen sie eben vom mütterlichen Organismus zu dessen Schaden weg, wessen sie bedürfen. Ebenso wird Überernährung der Mutter kaum zu besonders großen oder dicken Kindern führen können. Schon der Embryo setzt Fett an: vom 6. Monat des Fötallebens an beginnt die Fettanlagerung, so daß das neugeborene Kind über ein beträchtliches Fettpolster verfügt. Bei sehr großen Neugeborenen ist meist auch das Fettgewebe vermehrt: das kann sich weiterhin bald zur Norm ausgleichen.

Das durchschnittliche Geburtsgewicht gesunder Kinder beträgt bei Knaben 3400 g, bei Mädchen 3200 g. Nach kurzer Abnahme in den ersten Lebenstagen steigt das Gewicht im allgemeinen mit großer Stetigkeit an. Zu Beginn des 5. Lebensmonats hat sich das Gewicht ungefähr verdoppelt, am Ende des 1. Lebensjahres ungefähr verdreifacht.

Die folgende Tabelle von Thiemich läßt die durchschnittliche Gewichtszunahme bei Kindern in den einzelnen Jahren erkennen.

Tabelle.

Gewichtswachstum bei Kindern.

Ende des Lebensjahres	Knaben		Mädchen	
	Gewicht in kg	Jährlicher Zuwachs in kg	Gewicht in kg	Jährlicher Zuwachs in kg
Geburt	3,4	—	3,2	—
1.	10,2	6,8	9,7	6,5
2.	12,7	2,5	12,2	2,5
3.	14,7	2,0	14,2	2,0
4.	16,5	1,8	15,7	1,5
5.	18,0	1,5	17,0	1,3
6.	20,5	2,5	19,0	2,0
7.	23,0	2,5	21,0	2,0
8.	25,0	2,0	23,0	2,0
9.	27,5	2,5	25,0	2,0
10.	30,0	2,5	27,0	2,0
11.	32,5	2,5	29,0	2,0
12.	35,0	2,5	32,0	3,0
13.	37,5	2,5	37,0	5,0
14.	41,0	3,5	43,0	6,0
15.	45,0	4,0	48,0	5,0
16.	50,0	5,0	52,0	4,0

Auch diese Zahlen, wie alle Durchschnittszahlen, geben nur einen ungefähren Anhaltspunkt zur Beurteilung des Gewichtes.

Die Geburt von besonders dicken Kindern ist selten. Nicht alle Mitteilungen älterer Schriften sind glaubwürdig. Ein Kind soll $17^1/_2$ Pfund gewogen haben. Von einem fünfjährigen Jungen wird ein Gewicht von 75 kg berichtet, von einem Kind von 11 Jahren ein Gewicht von 76,5 kg, von einem sechsjährigen Knaben ein Gewicht von 62 kg. Das sind dem Gewicht und dem Aussehen nach Riesenkinder und als solche wurden sie vielfach in Schaustellungen gezeigt und in Bildern überliefert. Holländer gibt eine Reihe von Einblattdrucken wieder, auf denen Riesenkinder zu erblicken sind. Er berichtet auch von einer Reihe von Fällen, die auf diese bildliche Weise der Nachwelt überliefert wurden. Auf der Leipziger Ostermesse 1753 wurde die dreijährige Eva Christina Fischer aus Eisenach, mit dem Gewicht eines zwanzigjährigen Mädchens zur Schau gestellt. Ein bayerischer Knabe, der auf dem Bild von seiner Mutter vorgeführt wird, ist ein vollendetes Riesenkind (Abb. 11). Er wog mit 9 Lebensmonaten einen Zentner sieben Pfund und trank dabei noch die Muttermilch. „Mit einem Wort", heißt es auf dem Flugblatt, „er ist als ein Wunder der Natur anzusehen." Von der gleichen Mutter stammt noch ein zweites Riesenkind, dessen Abbildung sich im Germanischen Museum findet (Abb. 12). Ein holländisches Flugblatt vom Jahre 1651, das Holländer wiedergibt, zeigt die fünfjährige Anna Katherina, die 228 Pfund wiegt und in der Taille drei Ellen dick ist (Abb. 13). Die Beschreibung vermerkt als Beschauer sämtliche gekrönten und fürstlichen Bewunderer dieses Fleischkolosses. Es ist der Augenblick dargestellt, da das Kind vom Kaiser eine Kette und eine Medaille zum Geschenk bekommt.

Solche hochgradige Fettsucht in den ersten Lebensjahren hat nichts mehr mit übermäßiger Ernährung zu tun. Hier liegen innere, konstitutionelle Ursachen zugrunde. Die anatomische Untersuchung der Kinder, die zum Teil nach wenigen Jahren sterben, hat in manchen Fällen Veränderungen oder Geschwülste an den Keimdrüsen (Eierstöcken) erkennen lassen, also Störungen im Bereich der inneren Sekretion wahrscheinlich gemacht. Auch die vorübergehende Fettsucht im Pubertätsalter ist vielleicht mit langsamer Entwicklung der Keimdrüsen zu erklären. Es ist das eine häufige Erscheinung, die später wieder zum Ausgleich kommt. Es wurde auch behauptet, daß in solchen Fällen den Kindern durch ständige Überfütterung von seiten der Eltern künstlich als abnorm großes Hungergefühl „angezüchtet" worden sei, dessen weitere Folge die Fettsucht sei. Eine solche Anzüchtung ist indes sehr wenig wahrscheinlich. Man braucht nur zu beobachten, wie in ein- und derselben Familie, wo doch die gleichen Erziehungsgrundsätze herrschen und zur Wirkung kommen, dicke, magere und normalgewichtige Kinder nebeneinander vorkommen, unabhängig vom Alter. Das wäre nicht denkbar, wenn die Erziehung so großen Einfluß hier hätte. Vorübergehende Störungen in der inneren Sekretion sind ja auch sonst im Reifealter nichts Seltenes, und die Fettsucht der Pubertäts- und Vorpubertätskinder, namentlich der Mädchen, ist wohl auf zeitweiliges

Dieser Knab ist mit jedermans Verwunderung in hiesig-Churfürstl. Haupt-und Residenz-Stadt München viele Täge hindurch gesehen worden. Sein Geburts-Ort ist Mumming, Gerichts Hennersperg im Lande Bayern, der Nahme Johann Georg Mutz, seine Elteren sind Bauren-Leuthe an besagtem Orth, der Vatter ist 45. die Mutter aber 40. Jahr alt, er ist das erste Eheliche Kind, und kam auf die Welt 1760. im Monath April. Er hat in Zeit von 3. viertel Jahren dermassen an Leibs-Proportion zugenommen, daß er 1. Centen 7. Pfund gewogen. Nunmehro ist er 1. Jahr, und 8. Tag alt, ist eine Bayrische Elle, und ein Viertel lang, und ein Bayrische Elle, ein Viertel, und ein Zoll dick, hat schon vier Zähne, und die Flecke, und Kinds-Blattern überstanden, ist an Gestalt, und Farbe schön, wohl proportioniert und von kirnigen Fleische, trinckt noch die Mutter-Milch, mit einem Wort, er ist als ein Wunder der Natur anzusehen..

Wie wunderlich spielt doch zu Zeiten die Natur!
Zur Probe schaut nur an den kleinen Fleisch-Colossen,
Er ist recht Wunder-schön, und gleichsam eingestossen,
Von einem solchen Kind find man nicht leicht ein Spuhr.

Abb. 11. Riesenkind. Flugblatt vom Jahre 1761.

Ungenügendsein der Keimdrüsen, vielleicht auf dem Umweg über die Schilddrüse, zurückzuführen.

Selbstverständlich spielt die k ö r p e r l i c h e T ä t i g k e i t bei dem Fettansatz die gleiche Rolle wie beim Erwachsenen. Manche Kinder spielen und

Wunderseltzame, und fast unerhörte Kindertracht, von Anna Maria Mußin, einer Bäurin in Unter-Bayern, ihres Alters 42. Jahr; welche erstlich wie schon bekañt, und schon in vielen Städten ihren erstgebohrnen Knaben Johann Georg Muß vor anderthalb Jahren gezeiget, da nun dieser Knab 2. und ein halbes Jahr alt ware, erstrecket er sich an der Höhe ein und ein halbe Bayrische Ehlen, und fast so vil in der Dicke, und hat an Gewicht hundert achzig Bayrische Pfund gewogen, ist an Gestalt schön und von kernigen Fleisch. Hierauf bringet obernañte Mutter den 11. Jenner 1763. gesund zur Welt ein Tochter, Namens Anna Maria wie sie in der Mutter Armben ligend zu ersehen ist, trinckt auch die Mutter-Milch, wachset täglich in der Länge, und Dicke das es mit 15. Wochen 2. Schuh, 5. und ein halben Zohl, in der Dicke aber über 2. Schuh, an Gewicht 40. Pfund gehabt hat. Ist weiß, und recht schöner Gestalt, stehet schon allemig, und ist gar freundlich gegen jedermann, redet auch schon ein und andere Wort deutlich, mit einem Wort es ist als ein Wunder der Natur anzusehen. jezo in Augsburg.

Abb. 12. Zweites Riesenkind der gleichen Mutter wie in Abb. 11. Augsburger Flugblatt vom Jahre 1763.

tollen den ganzen Tag, andere bleiben am liebsten ruhig und beschaulich sitzen. Die Dauer und Festigkeit des kindlichen Schlafes ist für Zunahme des Körpergewichtes von großer Bedeutung. Wie verschieden sind in diesen Temperamentsfragen (denn auch die Schlafdauer ist zum großen Teil eine

Abb. 13. Riesenkind. Niederländisches Flugblatt vom Jahre 1651.

Temperamentsfrage) Geschwister, und wie verschieden ist daher die Auswirkung auf ihren körperlichen Zustand! Es ist bekannt, daß bei manchen Kindern, die an Gewicht zunehmen sollen, das leichter durch Verlängerung der Ruhe- und Schlafzeit zu erreichen ist als durch Vergrößerung der Nahrungsmenge. Dieser Tatsache liegt die einfache, durch besondere innersekretorische Einwirkung nicht beeinflußte Bilanz der Kalorienrechnung zugrunde. Die durchschnittliche Größe des Kalorienbedarfs bei Knaben und Mädchen in verschiedenen Lebensaltern ist aus der Tabelle auf S. 36 zu ersehen.

Rubner hat in genauen Stoffwechseluntersuchungen den Unterschied zwischen einem dicken und einem normalen Knaben festgestellt. Es handelte sich um einen Fall von Fettsucht bei einem zehnjährigen Knaben. Zum Vergleich wurde ein Bruder des fettsüchtigen Knaben herangezogen, der um ein Jahr älter war. Die kinderreiche, arme Familie, in der die Eltern nur mit Mühe den Lebensunterhalt beschaffen konnte, zeigt sonst keine Fälle von Fettleibigkeit. Der fette Knabe war sehr empfindlich gegenüber Nahrungsentziehung: wenn ihm morgens nicht alsbald sein Frühstück gereicht wurde, stellten sich leicht Ohnmachtsanfälle ein. Der dicke Knabe hatte eine auffallend geringe Körperkraft, er war am liebsten körperlich und geistig möglichst vollkommen untätig. Dagegen war er offenbar kein übermäßiger Esser.

Die Stoffwechseluntersuchungen bei diesem Knaben boten in den allgemeinen Zügen keinen Unterschied gegenüber einem fettleibigen Erwachsenen. Ein Anhaltspunkt für verminderten Stoffverbrauch ergab sich nicht, doch wurden verschiedene funktionelle Änderungen festgestellt, die auf dem Gebiet der Wasserverdampfung, der Wärmeabgabe, der Muskelleistung liegen. Wir haben sie bei Betrachtung der Verhältnisse bei fettleibigen Erwachsenen kennen gelernt.

Der dicke Knabe hatte 41 kg gewogen, der magere 26 kg. Das spezifische Gewicht war bei dem dicken Knaben zu 975 festgestellt worden, bei dem anderen zu 1038. Diese Leichtigkeit des spezifischen Gewichtes ist der zahlenmäßige Ausdruck für die bekannte Tatsache, daß dicke Menschen im Wasser leichter schwimmen als magere. Das Fett ist bei Kindern ziemlich gleichmäßig verteilt, in Gliedern, am Rumpf und im Gesicht, im Gegensatz zu der Fettanhäufung am Leib bei Erwachsenen. Der äußere Eindruck, den ein fettes Kind und ein fettleibiger Erwachsener machen, sind daher ganz verschieden.

So erfreulich der Anblick eines Kindes mit runden Wangen ist, so ist aus der Körperfülle allein ein Schluß auf seinen Gesundheitszustand noch nicht erlaubt. Viel wichtiger als das Körpergewicht ist zu richtiger Beurteilung der Stand des Allgemeinbefindens. Beim jungen Säugling ist freilich die Gewichtszu- und abnahme der wichtigste Hinweis auf die Gestaltung seiner Gesundheit. Wird das Kind aber älter, so treten andere Punkte in den Vordergrund: Appetit, Wohlgefühl, Spiellust, Lebhaftigkeit, Schlafneigung von subjektiven, Spannung und Farbe der Haut, Knochenentwicklung, Darmtätigkeit usw. von objektiven Erscheinungen. Mit der Wage allein läßt sich da kein Urteil mehr fällen.

Im ersten Lebensjahr neigen vielfach künstlich genährte Kinder, wenn sie einmal an die Kost gewöhnt sind, zu stärkerem Fettansatz als Kinder, die nur mit dem natürlichen Nahrungsmittel der Muttermilch aufgezogen werden. Diese Beobachtung wird sogar als Beweis für die besondere Eignung bestimmter Kindermehle, Nährpräparate usw. angeführt. Eine solche Auffassung ist aber nicht richtig. Das Kind an der Mutterbrust muß sich seine Nahrung mittels einer gewissen körperlichen Anstrengung verschaffen, die es nicht weiter fortsetzen wird, wenn es genug hat und satt ist. Die Mutter selbst kann dem Kind nicht mehr Milch geben als vorhanden ist, und das wird in den seltensten Fällen zuviel sein. Bei der künstlichen Ernährung dagegen wird dem Kind in der Flasche oder mit dem Löffel die Nahrung in einer Form gegeben, bei der es jeder körperlichen Anstrengung zunächst enthoben ist. Diese Hemmung fällt bei der Nahrungsaufnahme über den Bedarf hinaus schon weg. Aber auch wenn das Kind selbst nicht mehr Nahrung zu sich nehmen will, weil es sich satt fühlt, gelingt es doch verhältnismäßig leicht, ihm über den Bedarf hinaus noch künstliche Nahrung zuzuführen oder aufzuzwingen. Die Mutter oder Pflegerin, der das gelungen ist, wird mit stillem oder lautem Triumph diesen Erfolg ihrer Geschicklichkeit verzeichnen. Mischungen von Milch mit Nährpräparaten, mit Mehlen usw. enthalten in der gleichen Mengeneinheit natürlich mehr Nährwerte, was nur allzu leicht vergessen wird.

Der Arzt wird sich durch solche angemästete Körperfülle nicht in seinem Urteil beirren lassen. Für ihn setzt sich der Gesundheitszustand eines Kindes aus zahlreichen Einzelheiten zusammen, von denen das Gewicht nur eine einzige ist. Das „Schwören auf die Wage", von dem viele Menschen bei der Beurteilung des kindlichen Gesundheitszustandes geleitet werden, wird er nicht mitmachen. Ein schlankes, selbst etwas mageres, elastisches Kind kann „gesünder" sein als ein recht dickes, d. h. leistungsfähiger bei körperlichen und geistigen Anstrengungen und widerstandskräftiger bei anfallenden Krankheiten. Künstlich gemästete Kinder sind, wie die Erfahrung hat erkennen lassen, bei manchen Krankheiten im Nachteil: Rachitis, Neigung zu Ausschlägen, Katarrhen und anderen Schleimhautentzündungen (exsudative Diathese), Neigung zu Krampfanfällen (Spasmophilie) verlaufen bei gemästeten Kindern schwerer als bei solchen, die sich in normalem Ernährungszustand befinden. Es läßt sich dabei allerdings nicht ohne weiteres entscheiden, ob der übermäßige Fettansatz und die Veränderung des Gewebes die Vorbedingungen für einen schwereren Krankheitsverlauf geschaffen hat, oder ob die gleichen Ernährungsfehler, die das überschüssige Fettpolster im Gefolge hatten, auch den Grund zur Krankheit legten (wie das bei der Rachitis wahrscheinlich ist) oder eine vorhandene Neigung zum Ausbruch kommen ließen. Auch bei älteren Kindern, die zu Katarrhen disponiert sind, bewirkt, worauf besonders Czerny hingewiesen hat, jede übertrieben eiweißreiche und jede zur Mästung führende Kost eine Verschlimmerung oder Verlängerung des Leidens. Solchen Kindern wird vielfach durch eine vorwiegend vegetarische Kost am besten geholfen, weil mit ihr eine an Menge reiche, aber nicht allzu nährkräftige Kost gegeben wird. Sie bewirkt rasch Sättigungsgefühl, ohne — wenn sie nicht allzu fetthaltig hergestellt wird — zu neuem Fettansatz bei dem Kind zu führen.

Besonders ein Zustand des Dickseins wird dem Arzt beim Kind nicht gefallen: das ist das als pastöser Habitus bezeichnete Aussehen. Solche Kinder sehen fett aus, sind aber von eigentümlicher, oft etwas matt glänzender Blässe; das Gewebe und die Muskulatur fühlen sich schlaff an.

Eine Anzahl dieser Kinder ist von Entzündungen an Haut und Schleimhäuten heimgesucht (exsudative Diathese), und zwar gerade die fetten Kinder stärker als zarte, schwächliche, von denen man es eher erwarten sollte. Die Mütter kommen nicht selten in die Sprechstunde des Arztes, klagen über die häufigen Erkrankungen des Kindes und wundern sich darüber, am meisten deshalb, weil doch das Kind so „wohlgenährt" und „kräftig" sei. Sie betonen häufig noch, wie sie auf alle mögliche Weise und mit jedem denkbaren Kunstgriff es fertig brachten, das Kind ordentlich mit Nahrung vollzustopfen. Der Zusammenhang zwischen Überernährung, Fettsucht und Krankheitserscheinungen wird dadurch offenbar, daß die Änderung der Kost in vielen Fällen rasch auffallende Besserung hervorruft, jedenfalls ein Hauptmittel der Behandlung darstellt. Die Milchmenge wird verringert, Eier, Butter, Rahm, Zucker aus der Kost gestrichen, Gemüsezulage, auch Fleisch, gegeben.

Als Beispiel sei ein von Czerny aufgestellter Kostzettel bei fetten Kindern mit exsudativer Diathese im zweiten Lebensjahr mitgeteilt. Erstes Frühstück: verdünnte Milch mit Kaffee oder Tee, dazu Gebäck ohne Butter. Zweites Frühstück: rohes Obst. Mittagessen: konsistente Suppe (namentlich Leguminosen, also Bohnen, Erbsen, Linsen, breiartig zerkocht), feinzerteiltes Fleisch, frisches Gemüse (Spinat, Karotten, Kohlrabi, Blumenkohl, Salat, Schnittbohnen). Nachmittagsmahlzeit: Milch mit Kaffee oder Tee verdünnt, etwas Gebäck. Abendmahlzeit: feinzerteiltes Fleisch mit Brot (oder Kartoffeln oder Reis) und (sehr wenig) Butter. Schwacher Tee oder Wasser als Getränk. Im einzelnen sind derartige Kostzettel vom behandelnden Arzt aufzustellen. Das Beispiel zeigt aber, wie sehr und grundsätzlich sich eine solche Kost von jener entfernt, die eine besorgte Mutter ihrem Kind zur „Aufpäppelung" geben möchte.

Warum es bei einem Teil solcher Kinder zu übermäßigem Fettansatz kommt, ist noch nicht geklärt. Störungen im Fettstoffwechsel, Herabsetzung von Verbrennungen werden auch dafür ins Treffen geführt. Es gibt noch eine andere Form des Dickseins bei Kindern, bei der starkes Fettpolster mit roter Gesichtsfarbe, mit Neigung zu häufigem Schwitzen usw. einhergeht. Sie finden sich oft in Familien, in denen Fettsucht, Gicht, Zuckerkrankheit und verwandte Störungen (Arthritismus) verbreitet sind. Weitere Fälle von Fettsucht im Kindesalter hängen mit Störungen der inneren Sekretion zusammen, Untertätigkeit von Keimdrüsen und Schilddrüse. Solche Störungen müssen, wenn die Feststellung der Ursache gelingt, von ihr aus in Angriff genommen werden.

Aber in allen Fällen ist eine genaue Untersuchung der Lebensgewohnheiten bei den dicken Kindern notwendig. Auch in unvermuteten Fällen gelingt es oft, Fehler im Sinn übermäßiger Nahrungszufuhr oder ungenügender Körperbewegung aufzudecken. Manche kindliche Fettsucht, die lange auf Störung der inneren Sekretion oder eine andere, unbekannte Ursache zurückgeführt worden war, zeigt sich zuletzt doch auf diesem häufigsten, auch bei Kindern verbreitetsten Wege entstanden. Von hier aus ist auch am sichersten erfolgreiches Eingreifen möglich, wenn es freilich auch zuweilen mit Unbequemlichkeiten verbunden ist. Auf jeden Fall sind Abmagerungskuren im Kindesalter lediglich unter Zuziehung des Arztes vorzunehmen, weil hier ein unerwünschter Eiweißverlust besonders verderblich wirken würde.

8. Schlankbleiben und Schlankwerden.

Verhütung und Behandlung des gewöhnlichen Dickwerdens.

Der Mensch hätte es eigentlich leicht, seine Bestrebungen auf Schlankbleiben und Schlankwerden verwirklicht zu sehen: das Körpergewicht nimmt jede Sekunde ab. Wenn man das Körpergewicht jetzt feststellt und in 5 Minuten wieder, so läßt sich — außer wenn man in der Zwischenzeit gegessen oder getrunken hat — ein deutlicher Gewichtsverlust feststellen. Das läßt sich sogar schon innerhalb einer einzigen Minute nachweisen, wenn genügend empfindliche Instrumente zur Gewichtsbestimmung zur Verfügung stehen. Der Körper verliert fortwährend, von Sekunde zu Sekunde, an Gewicht. Es beruht das auf dem Verlust von Wasser infolge der Ausatmung und Ausdünstung, und auf der Abgabe von Kohlenstoff. Der Kohlenstoff ist ursprünglich mit der Nahrung aufgenommen worden, verbindet sich bei den Stoffwechselvorgängen im Innern des Körpers mit dem aus der Luft aufgenommenen Sauerstoff zu Kohlendioxyd (Kohlensäure), und dieser Stoff wird fortwährend, am meisten bei der Ausatmung, vom Körper an die Umgebungsluft abgegeben. Ohne Pausen, aber auch ohne daß eine besondere Anstrengung notwendig ist, muß sich daher das Gewicht des Körpers mit jedem Atemzug vermindern.

In den gewissenhaften Stoffwechseluntersuchungen der physiologischen Laboratorien konnten diese Gewichtsveränderungen genau rechnerisch verfolgt werden. Neuerdings hat nun das Carnegie-Institut außerordentlich große Wagen hergestellt, auf deren einer Wagschale ohne Beschwerden ein erwachsener Mann auf einen Stuhl Platz nehmen kann (Abb. 14). Die Wagen sind so gebaut, daß trotz ihrer Größen sehr feine Messungen ausgeführt werden können. Mit ihnen sollen die ständigen Gewichtsverluste des Körpers fortlaufend genau bestimmt werden. Wurde ein auf einem Stuhl sitzender Mann auf die eine Wagschale gesetzt und die Wage ins Gleichgewicht gebracht, so verlor er zusehends an Gewicht, so daß ständig kleine Gewichtsmengen auf die andere Wagschale gebracht werden mußten, um das ehemalige Gleichgewicht wieder herzustellen. Der Hauptteil dieses Gewichtsverlustes wird durch die Ausdünstung von der Haut hervorgerufen, die sich für gewöhnlich nicht bemerkbar macht und nur an heißen oder feuchten Tagen oder auch nach ungewohnter körperlicher Anstrengung wahrnehmbar in Erscheinung tritt. Der Gewichtsverlust durch Ausdünstung ist um so größer, je dicker ein Mensch ist.

Untersuchungen über die Einwirkung stärkerer Körperanstrengung auf das Körpergewicht zeitigte zum Teil erstaunliche Ergebnisse. Das Gewicht kann in kurzer Zeit erheblich abnehmen. In einem Versuch verlor ein Fußballspieler 14 Pfund während eines 70 Minuten lang währenden Spieles. Ein Marathonläufer verlor $8^1/_2$ Pfund während eines Laufes, der 3 Stunden dauerte. Ein Ruderer verlor $5^1/_2$ Pfund an Gewicht in einem Wettkampf, der sich über 22 Minuten erstreckte. Auch hier kommt der Gewichtsverlust durch Ausatmung und Ausdünstung (Verdunstung des abgesonderten Schweißes) zustande. Hauptsächlich ist der Wasserverlust in solchen Fällen sehr groß. Er kommt in der Gewichtsziffer vornehmlich zum Ausdruck. Daneben gewinnt aber bei solchen außergewöhnlichen Körperanstrengungen auch der Verlust an verbranntem oder sonst zugrunde gegangenem Gewebe rasch Einfluß auf das Körpergewicht. Dieser Punkt, nicht der Wasserverlust, führt zu nachhaltiger Wirkung auf die Gestaltung des Gewichtes.

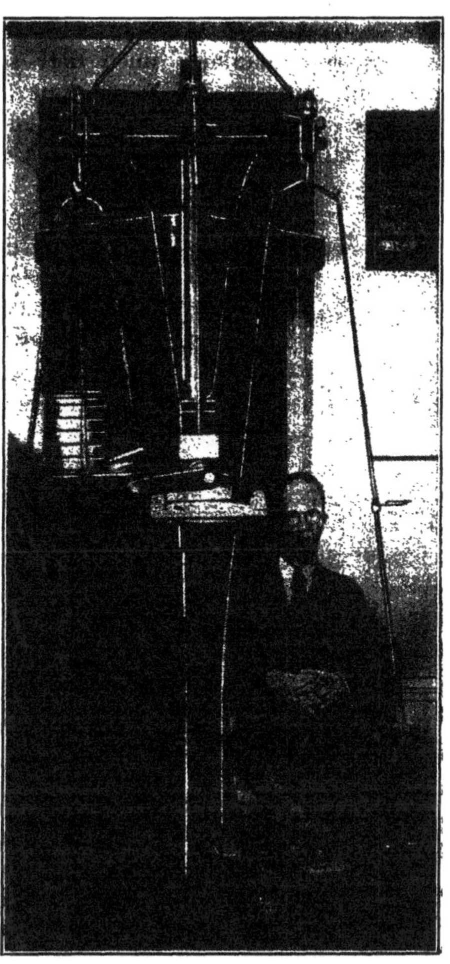

Abb. 14. Die neuen großen Wagen des Carnegie-Institutes. Sie sind so groß, daß auf der einen Wagschale ein erwachsener Mann mit Stuhl Platz nehmen kann, und so fein, daß der geringe Gewichtsverlust in jeder Minute fortlaufend festzustellen ist.

Für den, der schlank werden will, ist freilich die ständige Abnahme des Körpergewichtes nur ein höchst theoretischer Trost. Denn sie hat nur Gültigkeit, wenn in der Zwischenzeit nicht gegessen oder getrunken wird, und das geschieht in der Regel. Deshalb ist es nötig, eine Anleitung für das praktische Verhalten zu gewinnen. In sehr vielen Fällen lassen sich durch Beschränkungen mit Hilfe einfacher Kenntnisse, die den wesentlichen Punkt richtig erfassen, Dickwerden und gar Fettleibigkeit vermeiden.

Es sind, wie schon früher ausgeführt, zunächst keine Beschwerden, die den Wunsch nach Schlankbleiben oder Schlankerwerden dem Arzt zum Ausdruck bringen lassen, sondern ästhetische Gründe. Die Erscheinung gedeiht in einer Weise, wie sie weder der Mode, noch dem äußeren eigenen Geschmack entspricht. Es ist verständlich, daß namentlich Frauen hier frühzeitig ärztlichen Rat suchen. Das ist zu begrüßen. Vorbeugen ist in solchen Fällen leichter und beschwerdeloser als Heilen.

Richtige Fingerzeige lassen weiteren Anstieg des Körpergewichtes ohne Opfer und Gefährdung vermeiden, während starke Gewichtsabnahme, wenn sie notwendig ist, mit größeren Unbequemlichkeiten verknüpft ist. Der Drang nach Schönheit zeigt hier den richtigen Weg.

Etwas anderes ist es, wenn Frauen lediglich einer augenblicklichen Mode zuliebe danach streben, unter ihr Normalgewicht zu gelangen, und eine ätherische Schlankheit auch dort suchen, wo ihrem ganzen Körperbau nach die naturgemäße Möglichkeit nicht gegeben ist. Ein solch törichtes Beginnen muß zu Schädigungen, zu Nervosität, Schwächezuständen und herabgeminderter Widerstandsfähigkeit aller Organe führen. Derartige Auswüchse richtiger Bestrebungen sollten vom Arzt nicht mitgemacht, sondern nach Tunlichkeit in die wünschenswerten Bahnen gelenkt werden. Hier — wie ja auch sonst oft — wird allerdings nicht einfach glatte Ablehnung des Unrichtigen auf die Dauer die Frau bewahren, sondern psychologisches und psychotherapeutisches Eingehen auf ihre seelischen Bedrängnisse, ihre „Aushakung" und Hinweis auf den richtigen Weg. Nicht ein Verbot hilft weiter, wohl aber Verständnis. Und das ist nötig, weil sonst ein höchst schädlicher, gesundheitszerstörender Weg eingeschlagen wird.

Es sind keineswegs immer nur selbstsüchtige Motive im engeren Sinn, die Abmagerung wünschenswert erscheinen lassen. Eine charakteristische Episode findet sich in den von klassischem Humor vergoldeten „Bräutigamen der Babette Bomberling" von Alice Berend. Der bejahrte Herr Bomberling wacht eines Nachts auf und sieht zu seinem Entsetzen seine gute, häusliche Frau auf dem Boden umherkriechen. Er fürchtet, sie sei geisteskrank und will sie deshalb nicht stören, um sie nicht noch mehr zu reizen und aufzuregen. Aber die Frau ist bei klarem Verstand. Ihre Tochter soll sich mit einem eleganten Herrn verloben, aus den besten Gesellschaftskreisen, in denen schlanke, elegante Damen zu Hause sind. Da geht es nicht an, denkt die behäbige Frau Bomberling, daß sie selbst so dick ist. Das Vorhandensein einer allzu korpulenten Schwiegermutter muß doch ihrem erhofften Schwiegersohn die Wahl der Tochter erschweren. Denn erstens: kann er sich mit ihr in seinen Kreisen sehen lassen? und zweitens: wer bürgt dafür, daß die Tochter, so schlank sie jetzt ist, nicht einmal so dick wird wie die Mutter? So hat sie beschlossen, sich einer energischen Abmagerungskur zu unterziehen, und dazu hat man ihr — außer einer Kosteinschränkung — auch die Kriechmethode empfohlen. Eine Mutter, die ihre Tochter gut verheiraten will, wird ein solches und noch ganz andere Opfer willig auf sich nehmen.

Eine beginnende Fettleibigkeit muß von Anfang an nicht belächelt und bewitzelt, sondern alsbald in richtiger Weise stillgehalten und abgebaut werden. Zahlreiche später mit vollendeter Fettleibigkeit auftretende Beschwerden lassen sich so vermeiden. Namentlich da, wo familiäre Häufung auf erbliche Belastung schließen läßt, gleichgültig ob man dabei an konstitutionelle Veränderungen oder fehlerhafte Lebensgewohnheiten als Ursache denkt, muß frühzeitig das Augenmerk auf Verhütung von Dickwerden und Fettleibigkeit gerichtet werden. Bei manchen Krankheiten, namentlich solchen des Herzens und der Nieren, sollte einer sich leicht entwickelnden Fettleibigkeit durch geeignete Lebensweise entgegengearbeitet werden, weil überflüssiger Fettansatz für diese Organe eine unerwünschte Mehrbelastung darstellt. Kleine Entbehrungen bringen hier und auch beim gesunden Menschen zweifellos eine Verlängerung des Lebens mit sich. Wichtig ist immer nur, daß alle Maßnahmen ohne Schädigung für den Körper durchgeführt werden.

Das Vorgehen beim Verhüten und beim Behandeln des gewöhnlichen Dickwerdens ist in den Grundzügen das gleiche. Beides wird daher am besten gleichzeitig besprochen. Verschieden ist nur der Zeitpunkt, an dem die Bewahrungs- oder Besserungsbestrebungen einsetzen, verschieden auch der Grad, in dem das Körpergewicht zunimmt, oder die Höhe des Überschusses, den es bereits erreicht hat, und demgemäß die Energie, mit der die Bemühungen betrieben werden müssen.

Bei gesunden Menschen muß der Wunsch, schlank zu bleiben, nicht über eine gewisse Grenze hinaus an Gewicht zuzunehmen, für berechtigt gelten. Es gibt dazu zwei Wege. Sie müssen gleichzeitig gegangen werden: Verringerung der Stoffeinnahmen und Steigerung der Stoffausgaben.

Verringerung der Stoffeinnahmen.

Ich hatte in einem Aufsatz in einer großen Tageszeitung auf die Mittel und Wege zum Schlankbleiben hingewiesen. Am andern Tag wurde ich zufällig Zeuge, wie mehrere Damen sich über den Inhalt dieses für sie offenbar wichtigen Aufsatzes unterhielten. Sie waren im allgemeinen mit der Tendenz und den gewiesenen Wegen zufrieden. Sie erkannten sogar für sich selbst die Notwendigkeit an, schlanker zu werden. Nur machte die eine Dame einen entschiedenen und energisch gemeinten Einwand: sie wolle zwar gern schwimmen, um schlanker zu werden, betreibe das auch schon seit einiger Zeit, aber ihr danach gesteigerter Appetit müsse auch in gesteigertem Maße befriedigt werden. Die zweite Dame legte darauf keinen Wert, aber sie erklärte, Körperübungen lägen ihr nicht, sie wolle gerne ihre Nahrungszufuhr einschränken, dagegen nach wie vor ihre Besorgungen und Ausgänge nur mittels des Autos erledigen. Die dritte Dame schien bereit zu sein, auf die ständige Benützung ihres Autos zu verzichten, um dadurch mehr Körperbewegung zu haben, sie lehnte es dagegen ab, auf das Naschen von Schokoladen und Süßigkeiten in der Zeit zwischen den Mahlzeiten sowie auf den Nachmittagskaffee mit mehreren Stücken Torte zu verzichten. Das sei ohnehin „ihr einziger Luxus“. Die vierte Dame wollte nichts von einem Verbot der Liköre, an die sie seit Jahren gewohnt sei, wissen. Die fünfte Dame schließlich erklärte wörtlich, „sie wolle lieber sterben“ als auf den Genuß von Butter verzichten.

Dieses wirkliche Erlebnis zeigte, wie schwer es ist, selbst wenn man schlank werden will, auf jene Eigenheiten in der Lebensführung zu verzichten, die die Schlankheit verhindern. Mancher hier geäußerter Wunsch ließe sich ja erfüllen. Der Genuß von Butter brauchte beispielsweise nur eingeschränkt, nicht ganz eingestellt zu werden. Aber die ganze seelische Einstellung, mit der man an die Umänderung seiner Lebensweise im Sinne des Schlankbleibens oder Schlankwerdens herantritt, muß ein klein wenig opferfreudiger sein als sie aus den Reden der fünf Damen zutage tritt.

Die Erkenntnis, daß eine Verringerung der Stoffeinnahmen, also eine Minderung der Nahrungszufuhr, notwendig ist, muß als erster Schritt zum Erfolg eintreten. Nicht selten trifft man Menschen, die von dieser Notwendigkeit bereits überzeugt sind, die aber ihre Entbehrungen zunächst einmal darauf beschränken, den Zucker in ihrem Kaffee oder Tee durch Sacharin zu ersetzen. Diese Maßregel genügt zur Abmagerung und zur Verhütung von Fettansatz nicht, auch wenn sie mit Duldermiene ständig erzählt, und so auf das Mitleidsgefühl und die Bewunderung der Umgebung gepocht wird. Zucker ist zwar ein Nährwertspender, während Sacharin Süßkraft, jedoch keinen Nährwert besitzt. Ein Stück Würfelzucker wiegt ungefähr 7 g, stellt also einen Nährwert von rund 7 Kalorien dar. Wenn jemand am Tag auf 4 Stück Zucker zu Kaffee und Tee verzichtet und statt dessen Sacharin zur Süßung nimmt, hat er 28 Kalorien erspart! Bei einem täglichen Kalorienverbrauch von 2500—3000 Kalorien spielt so etwas allein natürlich keine Rolle. Die Bestürzung darüber, daß jemand ständig weiterzunimmt, „obwohl" er „zunächst" den Zucker durch Sacharin ersetzt hat, ist daher objektiv nicht berechtigt. Immerhin wirkt das von der Umgebung ihm gespendete Beileid moralisch kräftigend auf den Schlankheitsbegehrer, er sieht, zu welchen Opfern er fähig ist, und so kann die anfängliche Sacharineinführung ihn doch auf den richtigen Weg bringen.

Jede Verringerung der Stoffeinnahmen, also Herabsetzung der Nahrungsmenge, trachtet nach Herabsetzung der täglich gebrauchten Kalorienmenge. In dieser Form ist die Frage zahlenmäßig anzupacken, und genau zu berechnen, wieviel an einzelnen Nahrungsmitteln gegeben werden darf. Aus der großen Kalorientabelle (S. 40ff.) ist das im einzelnen zu ersehen. Die zugeführte Kalorienmenge soll rund vier Fünftel der bisherigen, die sich als zu groß erwiesen hat, betragen. Ein Mensch, der bei 2500 Kalorien Zufuhr ständig zunimmt, soll weiterhin nur mehr 2000 Kalorien am Tag einnehmen.

In vielen Fällen ist die genaue Aufstellung einer Kalorienberechnung bei den einfacheren Graden des Dickwerdens gar nicht erforderlich. Es genügt schon, wenn bei allgemeiner Verkürzung der Nahrungsmenge vor allem die konzentrierten Nährwertespender eingeschränkt werden. Deshalb ist es so wichtig, die Eigenheiten der täglichen Lebensweise genau zu erforschen und zu erkennen. Nur dann sind Umstellungen am richtigen Platz möglich. Vielleicht muß die Zahl der Mahlzeiten geändert werden, oder die Zufuhr von Fett, von Süßigkeiten, von alkoholischen Getränken usw.

Wesentlich ist immer die richtige Auswahl der Stoffe, an denen gespart werden kann. Notwendig für die Erhaltung des Körpers wie insbesondere für den ungestörten Ablauf geistiger Tätigkeit ist genügende Eiweißzufuhr. Hier darf unter ein gewisses Maß (rund 120 g) nicht herabgegangen werden. Die Kunst bei jeder Abmagerungsbestrebung ist ja gerade, wie nicht oft genug betont werden kann, daß das auf Kosten des Körperfettes, nicht aber auf Kosten des Körpereiweißes geschieht. An Fett und Kohlehydraten kann dagegen leichter gespart werden. Butter und Schmalz sind häufig auszuschalten oder auf sehr geringe Mengen einzuschränken. Auf Öl und Fleischfett ist möglichst zu verzichten. Alkoholische Getränke, die vollkommen als Nährwertspender dienen, sind in sehr beschränktem Maße zu genießen. Süßigkeiten, Schokolade usw. sind nur dann zulässig, wenn man sie an Stelle anderer Kalorienspender in die Nahrung einschiebt, nicht als Mehrspender. Rahm, Gänseleber, Fettkäse und ähnliche konzentrierte Kalorienspender sind zu vermeiden. Am wichtigsten ist immer die Verminderung der Fettzufuhr. Gemüse, Kartoffeln und Mehlspeisen sind deshalb fettarm zuzubereiten. Wenn man das beachtet, kann man unbedenklich zur Sättigung Brot und Kartoffeln genießen, in vernünftiger, sogar reichlicher, wenn auch nicht übermäßiger Menge. Unter den alkoholischen Getränken sind besonders starke Biere, Süßweine, Liköre zu meiden.

Daß reiche Leute häufiger dick werden, als weniger wohlhabende, liegt nicht so sehr an der Menge der genossenen Nahrungsmittel, als an ihrer Auswahl. Die Tafel des Reichen wird durch stete Abwechslung und hübsche Aufmachung verlockender gestaltet, sie ist sehr fettreich, auch in den Nebengängen. Man vergegenwärtige sich nur, wieviel Fett in den Saucen eines opulenten Tisches enthalten ist, wie wenig dagegen in einem einfachen Haushalt, wo der Fettreichtum der Saucen über mehrere Mahlzeiten gestreckt werden muß. Der dickwerdende Reiche wird dabei bei Überlegung, an welchen Lebensmitteln er Kalorien einsparen kann, an die Saucen häufig zu allerletzt denken. Die Kost des Reichen enthält viel Fett und viel Eiweiß, verhältnismäßig weniger Kohlehydrate; sie ist kalorienreich, an Umfang im Verhältnis dazu gering. Die Nahrung des Armen ist reich an Kohlehydraten, beschränkt an Eiweiß und Fett; sie ist groß an Menge, klein an Kalorien. Es ist klar, daß die Kost des Reichen eher dick machen muß.

Erlaubte Speisen sind vor allem: mageres Fleisch, Brot, nichtfetter Käse, Gemüse (mit wenig Fettzusatz), Kartoffeln (ohne Fettzusatz), Salat, weiche und harte Eier (Rühreier und Spiegeleier sind mit Fett zubereitet), Obst, von alkoholischen Getränken am ehesten leichte Weine. Im einzelnen wird die Geschmacksrichtung oft den richtigen und beachtenswerten Fingerzeig geben. Zulagen von Obst und Gemüse gleichen aus, was an stärkeren Spannkraftbildnern vorher entzogen wurde. Traubenkuren an Stelle anderer Nahrungsmittel werden erfolgreich angewandt, während sie als Ergänzung der übrigen Nahrung geradezu zur Mästung dienen. Das ist ein Beweis, daß es nicht nur auf die Art, sondern auf die Menge des Nahrungsmittels und seine Einreihung in die übrige Kostordnung ankommt. Rein vegetarische Kost ist nicht notwendig, auch nicht wünschenswert. Der Mensch ist kein Pflanzenfresser, sondern ein Gemischtkostler. Bei jungen Leuten im Pubertätsalter ist rein vegetarische Kost zur Abmagerung nicht angebracht; die nötige Eiweißzufuhr wird hier offenbar nicht gewährleistet. Bleichsucht, Blässe und Schlaffheit sind die Folge. Falsche Verkünstelung der Kost wird merkwürdige Ergebnisse im Gefolge haben. Ein Körper kann etwa bei großen Kalorienmengen in der Nahrung und zu kleiner Eiweißzufuhr an Fett zunehmen, an Eiweiß abnehmen, und trotz starken Fettansatzes schließlich an Eiweißmangel zugrunde gehen.

Auch im Altertum hat man sich mit der Frage des Schlankerwerdens viel befaßt. Ihres ehrwürdigen Alters wegen ist eine Vorschrift des Hippokrates bemerkenswert: „Wohlbeleibte und solche, welche dünn werden wollen, müssen alle Arbeit mit nüchternem Magen verrichten und sich ans Essen machen, solange sie noch von der Arbeit atemlos sind, ohne sich erst abzukühlen, zuvor aber sollen sie nicht zu kalten, mit Wasser versetzten Wein trinken; die Zukost sollen sie mit Sesam, süßen Saucen und anderen derartigen Zutaten zubereiten. Man halte auch nur eine Mahlzeit des Tages, bade nicht, schlafe auf hartem Lager und gehe möglichst viel in unbekleidetem Zustande spazieren." Die Vereinigung von geringen Stoffeinnahmen (auch durch die bei hastigem Essen eintretende ungenügende Verdauung) und gesteigerten Stoffausgaben als Forderung für das Abnehmen geht auch aus diesen Sätzen hervor.

Eine derartige Verringerung der Stoffeinnahmen soll nur langsam und allmählich, allerdings stetig, Wirkung zeitigen. Am Anfang werden bei genügend ausgiebiger Umstellung der Lebensgewohnheiten rasch größere Gewichtsverluste zu verzeichnen sein. Aber dann geht es langsam und soll langsam gehen. Ein Durchschnittsverlust von 50 g am Tag, also in 10 Tagen 1 Pfund, ist schon höchst ausgiebig und bemerkbar.

Bei stetiger und nicht übertriebener Durchführung der Nahrungsbeschränkung wird sich die erforderliche Energie um so sicherer aufbringen lassen. Es gibt Menschen, die sich höchst ungern auf irgendeine Einschränkung einlassen, die „lieber sterben wollen" als keine Butter essen. Sind sie aber einmal von der Richtigkeit und der Notwendigkeit der Beschränkungen überzeugt, haben sie sich insbesondere erst einmal selbst von den Erleichterungen überzeugt, die der Verlust des überschüssigen Fettes für sie im Gefolge hat, so führen sie trotz anfänglichen Widerstrebens das als richtig Erkannte konsequent durch. Im Gegensatz dazu sind manche Menschen sofort Feuer und Flamme für die Abmagerungsbestrebungen, sie finden die Anordnungen zu wenig rigoros, verstärken sie auf eigene Hand, um nur rasch einen greifbaren Erfolg zu sehen, und auf einmal verlischt das Strohfeuer, der Eifer schwindet und binnen kurzem landen sie auf dem erwähnten Stadium, wo die einzige Enthaltungsmaßregel der Ersatz von Zucker durch Sacharin ist.

Unstetigkeit führt nicht zum Ziel. Da ist es sogar schade um die nutzlos verpulverte Mühe und seelische Anstrengung. An manches muß man sich erst gewöhnen, so an den Ausfall bisher gewohnter Zwischenmahlzeiten, oder an die Beendigung der Mahlzeit, ehe vollstes Sättigungsgefühl eingetreten ist. Einige Minuten nach beendeter Mahlzeit tritt häufig, ehe Gewöhnung an die Nahrungseinschränkung eingetreten ist, ein scheinbares Hungergefühl auf. Scheinbar ist es zu nennen, weil der Körper objektiv genügend Nahrung erhalten hat, während er an einen stärkeren Füllungszustand des Magens gewöhnt ist und daher subjektiv die Empfindung völliger Sättigung zunächst vermißt. Gibt man diesem Hungergefühl nicht nach, so ist es schnell vorbei, ohne Schwächegefühl zu hinterlassen. Mit der Gewöhnung an die neue Nahrungsmenge tritt es gar nicht mehr auf.

Eine Hungerkur muß unter allen Umständen vermieden werden. Der eifrige Mensch neigt dazu, etwas im Übermaß zu tun, um nur möglichst bald Erfolg zu sehen. Aber wie es nicht richtig ist, wenn der Arzt täglich dreimal 1 Pille verordnet, die ganze Schachtel auf einmal zu nehmen, so sind Übertreibungen der Nahrungsaufnahme zum Zwecke des Schlankerwerdens ganz und gar nicht am Platz. Sie diskreditieren nur eine Methode. Ein Fettsüchtiger oder stark Fettleibiger muß als Kranker behandelt werden; bei ihm können daher und müssen wohl auch Tage eingeschoben werden, an denen er besonders wenig zu essen bekommt, also wirklich hungert. Ein etwas dicker Mensch oder jemand, der sich schlank erhalten will, ist dagegen nicht krank und muß auch wie ein Gesunder angepackt werden. Es handelt sich nicht um Wiederherstellung seiner Gesundheit, sondern um Änderung verfehlter Lebensgewohnheiten. Die neue Lebensweise muß dauernd durchführbar sein, muß daher auf unangenehme Empfindungen, wie sie das Hungern mit sich bringt, verzichten. Auch am Anfang der Kur, wo etwas stärkere Umstellungen nötig sind, darf kein dauerndes Hungergefühl auftreten, höchstens eine zeitweilige Steigerung des normalen Hungergefühls, das jeder gesunde, nicht überfütterte Mensch vor den Mahlzeiten hat. Die neue Lebensweise soll, von Ausnahmen und unwesentlichen Änderungen abgesehen, das ganze Leben hindurch beibehalten werden können. Die körperliche und geistige Leistungsfähigkeit dürfen von vornherein keine Beeinträchtigung erfahren. Störungen in der Berufstätigkeit sind durchaus zu vermeiden. Quälendes Hungergefühl würde rasch zum Ungenügendsein gegenüber den Berufspflichten führen. Nervöse Störungen wären unausbleiblich. Dazu soll es also nicht kommen. Richtige Einschränkung der Ernährung, nach den angeführten Gesichtspunkten, wird den Körper satt und leistungsfähig erhalten. Mit Gewaltkuren wird man nervöse Schädigungen herbeiführen, auch die Widerstandskraft gegen Krankheiten herabsetzen, und am allerwenigsten Dauererfolge erzielen. Ist das gewünschte Gewicht erreicht, so kann die Nahrungsmenge unbedenklich wieder gesteigert werden; denn es ist ja dann nicht mehr weitere Abnahme erforderlich, sondern nur Bleiben auf dem erreichten Punkt, d. h. Verhütung überschüssigen neuen Fettansatzes. Die Einsicht des Schlankheitsbegehrers, sein Verständnis für die zu verfolgenden Notwendigkeiten sind unerläßliche Voraussetzungen für einen Dauererfolg irgendwelcher angewandter Maßnahmen.

Flüssigkeitszufuhr oder Flüssigkeitsbeschränkung?

Manche Abmagerungskuren verbieten alle Flüssigkeitszufuhr. Soweit dadurch der Genuß alkoholischer Getränke eingeschränkt wird, ist das nur zu begrüßen. Denn der Alkohol wirkt ja unmittelbar als Nährwertspender und Fettsparer. Der Entzug von Wasser bringt aber keine wirkliche Entfettung mit sich. Der Körper wird dadurch wasserärmer (bis zu einem gewissen Grad) und somit leichter. Die Gewichtsabnahme beruht indes auf einer Täuschung: man will ja nicht das Gewicht des Körpers durch Wasserentzug herabsetzen, sondern das überflüssige Fett abbauen. Diesem Ziel kommt man durch Entzug von Wasser nicht näher.

Von Seiten, die der Wasserentziehung das Wort reden — und sie hat auch unter Ärzten Anhänger — wird darauf hingewiesen, daß mit dem Flüssigkeitsentzug zunächst sicher einige Pfund abzunehmen sind, und daß diese Tatsache auf den Kranken psychologisch bedeutungsvoll wirke. Er werde dadurch mit Vertrauen zu dem angewandten Verfahren erfüllt und unterziehe sich willig auch anderen Maßnahmen. Eine nur langsam einsetzende Gewichtsabnahme lasse dagegen diese psychologisch wirksame Stoßkraft vermissen.

Zu derartigen psychologischen Kunststücken darf man kein großes Vertrauen haben. Bei einer Sanatoriumskur mag so etwas angebracht sein. Wenn es sich aber um dauernde Umstellung und Richtigstellung der Lebensführung handelt, wird man nur weiterkommen, wenn man mit möglichst wenig Reibung und Beschwerden einen möglichst dauerhaften Erfolg erzielt. Dazu wird der Entzug von Wasser niemals verhelfen. Das Wasser führt nur zu den beträchtlichen Schwankungen, die von den Kurgebrauchern mit so großer Freude oder so starker Niedergeschlagenheit verfolgt werden (beides zu Unrecht). Oft trifft man Leute, die sich täglich wiegen. An einem Tag erzählen sie: „gestern abend war ich bei einem Festessen, bei dem ich mir nichts abgehen ließ und heute wiege ich trotzdem 1 Pfund weniger!" Sie vergessen aber, daß sich an das Festessen ein langewährender Tanz anschloß, bei dem sie viel Schweiß vergossen (auch etwas Fett verloren), und daß durch diesen Flüssigkeitsverlust die rapide Gewichtsabnahme zu erklären ist. Im Laufe der folgenden Tage wird das alte oder ein höheres Gewicht wieder erzielt sein, weil eben der Fettverlust durch das Tanzen geringer war als der Fettansatz durch das üppige Essen, und weil sich der Wasserverlust wieder ersetzt hat. Das sind also Potemkinsche Dörfer, mit denen man im Augenblick paradieren kann, die sich aber in kürzester Frist als wertlos erweisen, daher, wenn sie unvermutet kommen, auch psychologisch ungünstig wirken.

Die Frage, ob es gut ist, zum Essen Wasser zu trinken, hat ja auch ihre physiologischen Besonderheiten. Es bestehen da vielfach Vorurteile, die in den Tatsachen nicht begründet sind. Manche Leute betrachten es als denkbar größte Schädigung, wenn zum Essen Wasser getrunken wird. Auch kleine Mengen lehnen sie von vornherein als unzuträglich ab. Sie gehen von der Voraussetzung aus, daß eine Verdünnung des Magensaftes durch Flüssigkeitszufuhr ihn weniger wirksam mache, seine Verdauungskraft herabsetze.

Die Dinge liegen aber nicht so einfach. Es handelt sich ja nicht um eine gegebene Menge Verdauungssaft im Magen, die durch Wasserzufuhr nur verdünnt werden könnte. Die in der Magenschleimhaut enthaltenen Drüsen sondern vielmehr immer gerade den Saft ab, der sich durch die im Magen enthaltenen Stoffe und die sonst einwirkenden Reize als notwendig erweist. Wenn im Magen viel Flüssigkeit vorhanden ist, wird mehr Salzsäure usw. von den Drüsen produziert, wenn wenig Flüssigkeit vorhanden ist, weniger. Jedenfalls wird immer rasch die gleiche Konzentrierung des Salzsäure-usw.-Gehaltes erreicht. Dazu kommt, daß überschüssige Wassermengen nicht länger im Magen verweilen, sondern sofort durch den Magen hindurchlaufen und in den Darm übertreten.

So fließt der Saftstrom, der von den Drüsen der Magenschleimhaut erzeugt wird, bald stärker, bald langsamer, je nach Bedarf, und eine scheinbare Verdünnung des Magensaftes beeinträchtigt seine Verdauungskraft nicht. Wer von Flüssigkeitszufuhr eine Beeinträchtigung der verdauenden Wirkung des Magensaftes befürchtet, der dürfte konsequenterweise vor allem keine Suppe zu Beginn der Mahlzeit essen. Hier wird gleich eine ganze Menge fast nur aus Wasser bestehender Flüssigkeit in den Magen eingeführt, und doch wird durch die in der Suppe enthaltenen Reizstoffe die Absonderung der Magendrüsen nur noch stärker angeregt.

Es ist ja kein aus der Luft gegriffener Vorwand zur Völlerei, der so viele Menschen veranlaßt, Wasser zum Essen zu begehren. Sie haben das ausgesprochene Bedürfnis dazu, und wird ihnen die Flüssigkeit versagt, so schwindet auch der Appetit, und sie essen nicht mehr. Der Körper verlangt nach Abwechslung, und dieses Verlangen sichert ihm bei der Ernährung das Notwendige. Längere Gaben von wenig flüssigkeitshaltigen Nahrungsmitteln stumpfen vorübergehend die sie verarbeitenden Stellen des Körpers (in Rachen, Zunge, Magen) ab, scharfe Gewürze, Salzgehalt der Nahrung, erregen den Wunsch nach Verdünnung durch Flüssigkeitszufuhr. Wassergaben stillen das berechtigte Verlangen.

Die Tatsache, daß Flüssigkeitsentzug beim Essen den Appetit mindert und Weiteressen vielfach unmöglich macht, kann als Grund betrachtet werden, sie bei Abmagerungsbestrebungen einzuführen. Leute, denen man alle Flüssigkeit während des Essens entzieht, essen von selbst nicht mehr so viel wie früher. Abmagernd wirkt also hier nicht die Flüssigkeitsentziehung, sondern die Verminderung der Nahrungszufuhr. Aber dieser indirekte Weg zur Nahrungseinschränkung sollte doch nur in Fällen starker Fettleibigkeit beschritten werden, und da nur, wenn auf andere Weise Einschränkung der Nahrungszufuhr nicht zu erreichen ist. Das Dursten bringt gerade für dicke Personen unangenehme Gefühle, ja Qualen, mit sich. Bei den Stoffwechseluntersuchungen haben wir gesehen, daß bei dicken Menschen der Wasserverbrauch gesteigert ist. Ebenso erhöht ist naturgemäß das Bedürfnis nach Wasser: der Körper verlangt immer nach dem, was er braucht und was er im Überfluß abgeben mußte. Auch wenn weniger Nahrung zugeführt wird, darf sich das Essen nicht zu einem Akt der Qual und Unannehmlichkeit gestalten. Eine Lebensweise, bei der das der Fall ist, läßt sich immer nur kurze Zeit durchführen, und die Lebensweise zur Verhütung des Dickwerdens muß gerade auf Dauer eingestellt werden. Es darf nur das Mögliche verlangt werden. Wird Unmögliches oder Allzuschwieriges verlangt, so wird es nicht durchgeführt, sondern offen oder heimlich übertreten. Ist aber einmal ein Loch in die vorgeschriebene Lebensweise gerissen, so weiß man nie, wie weit die Durchlöcherung geht. Nur die Aufstellung von Regeln, die wirklich und nicht zu schwer durchgeführt werden können, hat praktischen Wert.

Die früher aufgestellte Ansicht, reichliche Zufuhr von Wasser begünstige den Fettansatz und Wasserbeschränkung bringe umgekehrt Fett zum Schwinden, eine Ansicht, die stets ohne Beweis aufgestellt war, ist inzwischen völlig widerlegt worden. Manche Erfahrungen der Tierzüchter zeigen sogar gerade das Gegenteil: Tiere, die fett werden sollen, erhalten nur sehr wenig Wasser. Hier begünstigt das trockene Futter also den Fettansatz. Wer viel kaltes Wasser trinkt, muß eine Anzahl von Kalorien zur Erwärmung des Wassers auf Körpertemperatur abgeben und hat schon dadurch einen, wenn auch geringen, Kalorienverlust.

Zurückhaltung von Wasser (also Gewichtszunahme) in den Körpergeweben wird dadurch gefördert, daß viel Kochsalz genossen wird. Das Salz bedarf zu seiner Verdünnung Flüssigkeit, und zieht darum Wasser aus dem vorbeifließenden Blut und Säftestrom, an sich. Isaac folgert daraus für die Behandlung bei Entfettungskuren, weniger auf Beschränkung der Flüssigkeitszufuhr als auf einen geringen Gehalt der Nahrung an Kochsalz bedacht zu sein. Bei starker Nahrungseinschränkung (Entfettungskost III) gibt er daher im Tag höchstens 3 g Kochsalz. Diese Einschränkung mag bei hochgradig Fettleibigen oder Fettleibigen am Platz sein, weil bei diesen zunächst einmal ein Gewichtsverlust welcher Art auch immer (ob Wasser, ob Fett) von Wichtigkeit ist, damit sie sich besser bewegen können und schon dadurch ihr Kalorienverbrauch wieder steigt. Für die gewöhnlichen Bestrebungen des Schlankbleiben- und Schlankwerdenwollens kommt diese Überlegung nicht in Betracht.

Die Frage: darf man bei den Bestrebungen schlank zu bleiben oder schlank zu werden, Wasser trinken? ist also im allgemeinen bei sonst gesunden Personen mit: ja! zu beantworten, die Frage: wieviel?, mit: soviel, als der Durst es wünschenswert erscheinen läßt!

Zahl und Anordnung der täglichen Mahlzeiten.

Die Prüfung der Lebensgewohnheiten, die zu dick werden ließen, wird vielfach ein Zuviel an Einzelmahlzeiten erkennen lassen. Der erste Schritt wird daher in vielen Fällen eine Reduzierung der Tagesmahlzeiten auf drei sein müssen, auf Frühstück, Mittagsmahl und Abendessen. Die Zwischenmahlzeiten am Vormittag und Nachmittag müssen verschwinden. Wer es gewohnt ist, am Nachmittag Kaffee oder Tee zu trinken, kann das ruhig beibehalten, soweit es sich wirklich nur um diese Anregung gewährenden Getränke handelt. Dagegen ist der gleichzeitige Genuß von Kuchen oder Süßigkeiten, von Schlagrahm aufzuheben. Als Hauptmahlzeit wird, je nach den Gewohnheiten und Möglichkeiten, die Mittags- oder Abendmahlzeit zu betrachten sein. Sie müssen im einzelnen nach den besprochenen Grundsätzen eingerichtet werden. Das Frühstück bildet für viele Leute eine wichtige Voraussetzung zur Erzielung wirklicher Leistungsfähigkeit; es darf von ihnen daher nicht vernachlässigt werden. Für andere Menschen ist dagegen eine ununterbrochene Pause vom Frühstück bis zum Mittagessen zu lang. Sie können sich dadurch helfen, daß sie das erste Frühstück ausfallen lassen oder bis zur Mitte des Vormittags verschieben, also lediglich ein „zweites" Frühstück genießen. Wieder andere sind gut imstande, vormittags auf jede Nahrung zu verzichten und bis zum Mittagessen zu warten, ohne besonderen Hunger oder Verminderung ihrer Leistungsfähigkeit zu verspüren. Jeder einzelne muß selbst ausprobieren, was für ihn geeignet ist. Als Grundregel muß aber gelten, daß mehr als drei richtige Mahlzeiten am Tage auf keinen Fall eingenommen werden dürfen.

Von diesen drei Mahlzeiten soll zweckmäßig eine die Hauptmahlzeit sein; sie soll ein länger anhaltendes Sättigungsgefühl hervorrufen und die größte Zahl von Kalorien in sich enthalten. Ob diese Hauptmahlzeit das Mittagessen oder Abendessen ist, richtet sich nach Lebensgewohnheiten und Landessitten. In Deutschland ist im allgemeinen das Mittagessen die Hauptmahlzeit, in England, Frankreich, Amerika das nicht zu spät angesetzte Abendessen. Die Sitte, abends die Hauptmahlzeit zu nehmen, ist schätzenswert, weil bei ihr Ruhe und Rast folgen kann und sie doch so frühzeitig stattfindet, daß keine Schlafstörung durch Überlastung des Magens erfolgt. Sie setzt sich in Deutschland schwer durch, offenbar weil im Gegensatz zu den anderen Ländern das Frühstück hier nicht besonders kräftig und nachhaltig zu sein pflegt. Für den Menschen, der abnehmen will, und den Nährwert seines Frühstückes noch bewußt verkürzt, erscheint es vorteilhaft, die Hauptmahlzeit am Mittag zu nehmen. Ein Gefühl mangelnder Sättigung, und dadurch hervorgerufen die Empfindung verminderter Widerstandsfähigkeit, belastet sonst eine unerwünscht lange Strecke des Tages.

Nicht jeder ist in der Lage, das Frühstück ausfallen zu lassen oder auf später zu verschieben. Der Organismus zahlreicher Menschen braucht die morgendliche Kräftigung durch eine ausgesprochene, wenn auch kleine Mahlzeit. Sie sind sonst mißmutig, haben ein brennendes Hungergefühl im Magen, fühlen sich schlaff, unfähig zu körperlichen Arbeiten oder zu intensivem Denken, bekommen Kopfschmerzen oder Schwindelgefühl. Ihnen gegenüber sind die Abmagerungsbestrebten, die auf das Frühstück leicht verzichten können, im Vorteil. Aber auch bei jenen, die zuerst glaubten, ohne ein kräftiges Frühstück nicht auskommen zu können, tritt meistens sehr rasch Gewöhnung an die notwendige Einschränkung ein. Stärkere Nährwerte wie Butter, Schinken werden häufig zweckmäßig durch Obst ersetzt, ein Nahrungsmittel, das beispielsweise in England und Amerika aus Gesundheitsgründen bei der Morgenmahlzeit eine berechtigt wichtige Rolle spielt. Der Darm mancher Menschen reagiert aber zu heftig darauf, so daß wenigstens der Genuß von Obst in nüchternem Zustand in solchen, immerhin selteneren Fällen, aufgegeben werden muß. Beim Frühstück ist die anregende Wirkung des Koffeins in Kaffee und Tee (Kakao fällt bei Abmagerungsbestrebungen als Frühstücksgetränk weg), ein wesentlicher

Bestandteil der typisch aufweckenden und aufmunternden Frühstückswirkung, wahrscheinlich auch die Anregung durch die Röstprodukte des Kaffees. Kaffee oder Tee mit etwas Milch und Zucker oder Sacharin, dazu ein trockenes oder mit etwas Marmelade gestrichenes Brötchen sind ein geeignetes und häufig auch völlig ausreichendes Frühstück für den, der abnehmen will. Oder das Frühstück fällt ganz aus, und zwischen 10 und 11 Uhr wird ein mit Fleisch oder Käse belegtes Brötchen (auch zwei) genossen. Der einzelne wird für sich das Zweckmäßigste herausfinden, das ist in diesem Falle nicht zuletzt das, was ihm die geringsten Beschwerden bereitet. Jedenfalls sollte an der morgendlichen Mahlzeit an Kalorien gespart werden, damit die Mittagsmahlzeit ohne Bedenken hinreichend ausgiebig und kräftig ausgestaltet werden kann, und auch für die Abendmahlzeit eine kleine Extrareserve an Kalorien übrig bleibt.

Vielfach wird das Essen von viel Brot oder Kartoffeln („Kartoffelbauch") bei den Mahlzeiten als Ursache des Dickwerdens betrachtet. Das ist aber nur in sehr eingeschränktem Maße richtig. Wenn natürlich zu einer nährwerthaltigen, fettreichen Mahlzeit noch viel Kartoffeln — diese womöglich wieder mit Fett oder fetter Sauce angemacht — gegessen werden, so ist das eine Extrazufuhr von Kalorien, die in Fettansatz bemerkbar werden muß. Ebenso ist es mit der Zufuhr von Brot bei ohnehin kalorienreichen Mahlzeiten. Wo die Mahlzeit selbst nicht allzu nährwerthaltig, insbesondere nicht zu fett ist, da macht aber der Genuß von Kartoffeln und Brot wenig aus. Diese Kohlehydrate liefern verhältnismäßig wenig Kalorien, wie aus der Tabelle hervorgeht. Nicht ohne Grund gilt Wasser und Brot als Hungerkost oder Kartoffeln allein als die Kost des Hungerleiders. Nur da, wo diese Nahrungsmittel als Extrabelastung zu der ohnehin schon reichen Mahlzeit hinzukommen, wirken sie als Fettbildner. Für sehr viele Menschen ist der Genuß von größeren Kohlehydratmengen, von viel Brot oder Kartoffeln, die erste Vorbedingung, um überhaupt ein Sättigungsgefühl zu verspüren. Infolge ihres großen Volumens sind das die richtigen Füllmittel. Vielen ist es nicht möglich, mit Eiweiß und Fett satt zu werden, aber mit einer Kohlehydratmenge, die bedeutend weniger Kalorien enthält, werden sie satt. Diesem Drang nach Kohlehydraten muß entsprochen werden. Wo es nicht möglich ist, ohne Unannehmlichkeiten die genossene Menge Brot oder Kartoffeln zu verkürzen, muß eben das Hauptaugenmerk auf geringeren Fettgehalt der Mahlzeiten gelegt werden. Brot kann sogar am unbedenklichsten da als Ergänzungsnahrung gegeben werden, wo mangelndes Sättigungsgefühl weitere Nahrungszulage verlangt.

Praktisch wichtig ist die Frage, ob Suppe genossen werden soll. Es sind darüber verschiedene Ansichten im Gange. Die Flüssigkeit, die in der Suppe enthalten ist, braucht jedenfalls kein Hinderungsgrund zu sein: sie macht nicht fett. Leere Bouillon ist nicht geeignet; sie besitzt zwar keinen Nährwert, regt aber die Magensaftabsonderung und damit den Appetit in einer hier unerwünschten Weise an. Mehlhaltige Suppen enthalten wenig Kalorien. Sie können also in gleicher Weise wie Brot zur Füllung des Magens dienen. Fettreiche Suppen sind keinesfalls angezeigt.

Gegen nichtfette Suppen ist also nichts einzuwenden. Mancher zieht es freilich vor, auch diese Kalorien lieber zur Hauptspeise, dem Fleisch mit seinen Zulagen, dazuzuschlagen und auf die Suppe zu verzichten. Für andere Menschen ist indes eine Hauptmahlzeit ohne Suppe undenkbar, und sie können ruhig einen Teller nicht zu fetthaltiger Suppe genießen.

Wirkliche Ersparung an Kalorien ist durch Weglassen oder Einschränkung alkoholischer Getränke bei Menschen zu erzielen, die sie bisher regelmäßig zu den Mahlzeiten genossen haben. Namentlich der angewöhnte, und zum Teil durch bedauerliche Jugendsitten anerzogene Abendgenuß von mehreren Gläsern Bier bringt als Extrakalorienzulage („flüssige Nahrung") beträchtlichen Fettansatz mit sich. Diese Gewohnheit hat natürlich mit Durst oder mit Drang nach Sättigung nichts zu tun. Ganz gedankenlos, mechanisch und automatisch wird die gewohnte Alkoholmenge genossen, und erst der Versuch, sie einzuschränken, zeigt, wie wenig sie wirkliches Bedürfnis war. Hier kann ohne eigentliche Entbehrung ein erheblicher Gewinn an Kalorienersparnis gemacht werden, der sich auch in anderer Hinsicht gesundheitsfördernd äußert.

Manche Einzelheiten der Nahrungsmittel sind noch in dem späteren Kapitel „Diätkuren" behandelt.

Steigerung der Stoffausgaben.

Mindestens ebenso wichtig wie die Verringerung der Stoffeinnahmen ist die Vermehrung der Stoffausgaben. Sie geht im wesentlichen durch Abbau des Fettes vor sich. Leibesübungen jeder Form tragen dazu bei. Die Erfüllung von einer der beiden Forderungen allein genügt nicht. Wenigessen oder körperliche Bewegung müßte sonst in übertriebener Form durchgeführt werden, und auch dann wäre der Erfolg unsicher. Ein Mensch, der zuviel ißt und das dadurch auszugleichen sucht, daß er recht viel turnt, radfahrt, schwimmt, Bergbesteigungen unternimmt, Tennis spielt usw., wird jedoch nicht abnehmen, wenn er den durch die Körperbewegung erhöhten Appetit ungehemmt befriedigt. Einschränkung der Nahrungszufuhr ist auch bei ihm nötig. Ebenso nützt es nichts, wenn ein Mensch, der durch sein ständiges Stubensitzen, durch Vermeidung jeder körperlichen Anstrengung dicker wird, dem durch Nahrungsherabsetzung entgegenzuwirken versucht. Die einzige Folge sind Schwäche, Unbefriedigtsein und vielleicht Krankheit. Hier muß Steigerung der körperlichen Tätigkeit eine nicht zu große Nahrungseinschränkung begleiten. An den beiden Angriffspunkten muß gleichzeitig der Hebel angesetzt werden.

Die Muskeltätigkeit greift auf dem Umweg erhöhten Kohlehydratverbrauches die Fettdepots des Körpers an. Ein Mensch, der bei gleicher Nahrung seine gewohnte Körperarbeit aufgibt, wird dick. Ein Rennpferd, das länger im Stall stehen bleibt (infolge einer Verletzung), nimmt betrüblich an Gewicht zu. Die Muskelarbeit braucht viel Kalorien; sie können daher nicht in irgendwelcher Form im Körper abgelagert werden.

Wer schlank bleiben oder werden will, muß sein Augenmerk ernstlich auf Hebung der körperlichen Tätigkeit richten. Es ist richtig und notwendig persönlichen Liebhabereien und praktischen Möglichkeiten dabei entgegenzukommen. Immer ist der Zweck der, durch erhöhte Muskelarbeit mehr Spannkräfte zu verbrauchen als mit der Nahrung eingeführt werden, und zu diesem Zweck die Fettdepots anzugreifen und vor neuer Auffüllung zu bewahren. Sport ist hier vortrefflich, seien es Rasenspiele oder Tennis, Reiten oder Bergsteigen, Tanzen oder das ganz besonders wirksame Schwimmen. Beim Schwimmen werden gleichzeitig unter der Einwirkung des kalten Wassers dem Körper weitere Spannkräfte zwecks Erhaltung der notwendigen Körpertemperatur entzogen. Häusliche Freiübungen, Gymnastik oder Übungen an Turnapparaten dienen dem gleichen Ziel. Zuweilen genügt eine verhältnismäßig geringfügige Änderung der Lebensweise, namentlich bei älteren Personen: Gehen statt Fahren zur Arbeitsstelle, ausgedehnte Spaziergänge, Vermeiden von Autofahrten. In allen Fällen muß langsam steigernd und methodisch vorgegangen werden, jedes Übertreiben und Überanstrengen bringt statt Förderung und Kräftigung nur eine Schädigung des Körpers, namentlich des Herzens, mit sich. Im ersten Eifer neigt man wohl zu derartigen Übertreibungen; sie müssen aber bewußt vermieden werden. Der Stetigkeit der Bestrebungen wird dadurch nur gedient.

Der wichtigste Gesichtspunkt, der hier beachtet werden muß, ist die Angleichung der erforderlichen Leibesübungen an die einzelne Person: individuelle Leibesübungen sind notwendig! Bei der Gleichmacherei kommt nie viel Gescheites heraus. Der beste Gedanke verliert den Hauptteil seiner Wirkung, wenn er in öder Einseitigkeit auf Passendes und Ungeeignetes übertragen wird. Wer als fanatischer Kaltwasseranhänger seine Abhärtungsmethoden auf jeden übertragen will, der ihm in den Weg läuft, wird sich wundern und erschreckt sein, was dabei für Ergebnisse herauskommen. Und wer den Schlankheitsuchenden wahllos jede Art von Leibesübung bei der Umstellung ihrer Lebensweise zumutet, wird von der geringen Dauerhaftigkeit des Erfolgs überrascht sein. Viele Berufe bringen an und für sich eine einseitige Belastung und damit Schädigung des Körpers mit sich. Die Auswahl der Leibesübungen muß hier gleichzeitig auf gesundheitsfördernden Ausgleich bedacht sein. Verschiedenen Bedürfnissen muß auch in verschiedener Art Befriedigung gebracht werden.

Individuelle Anpassung der Übungen an den einzelnen Menschen wird das herausfinden, was für ihn gleichzeitig zweckmäßig und dabei möglichst angenehm, daher lange durchführbar ist. Die wahllose Anwendung eines und desselben Systemes bei allen ist nicht angebracht. Ein Buchhalter oder Beamter, der den ganzen Tag über an den Schreibtisch gebannt ist und sich dadurch einen übermäßigen Fettansatz am Bauch erworben hat, braucht andere körperliche Übungen als der Geschäftsreisende, der trotz vieler Wanderungen in der Stadt seine Schlankheit zu verlieren im Begriffe ist. Ein Maschinist braucht andere Übungen zum Ausgleich dessen, was ihm fehlt, als ein Lehrer.

Es ist gar nicht leicht, manche Menschen zur dauernden Einfügung von Leibesübungen in ihren Lebensplan zu bringen. Viele Menschen wissen gar nicht, daß ungenügende körperliche Bewegung an ihrer Gewichtszunahme mit schuld ist. Sie sind der Ansicht, wenn sie abends todmüde ins Bett gehen, sei das ein deutlicher Beweis dafür, daß sie sich am Tag genug bewegt und genug körperliche Tätigkeit vollbracht haben. Ihre stete Beschäftigung und geschäftliche Anspannung täuscht sie über die Geringfügigkeit ihres körperlichen Verbrauches.

Die Folgen richtiger Übungen machen sich sehr rasch geltend. Die Vorgänge im Körper erfahren eine wahrnehmbare Umstellung. Der Blutkreislauf wird gefördert. Die arbeitenden Muskeln werden von mehr Blut durchströmt. Die Muskeln brauchen mehr Sauerstoff, er wird aus dem Blut genommen und muß rasch wieder ersetzt werden. Infolgedessen schlägt das Herz kräftiger und schneller, der Blutdruck steigt. Alle Vorgänge im Körper erfahren eine Aufpeitschung und Auffrischung. Die Drüsen der inneren Sekretion sondern ihre Inkrete stärker ab. Die im Blute kreisenden Kohlehydrate werden von den Muskeln unmittelbar verbraucht. Aber gleichzeitig werden schon Vorbereitungen getroffen, um bei Bedarf das angeforderte Glykogen, den Stapelstoff aus Kohlehydraten, aus Leber und Muskeln in geeigneter Kohlehydratform ans Blut abzugeben und den arbeitenden Muskeln zur Verfügung zu stellen. Und nach einiger Zeit greift die Bewegung auch auf die Fettdepots des Körpers über: auch sie müssen Nachschub liefern, der in passende Kohlehydratform übergeführt und so von den Muskeln verbraucht wird. Die Atmung wird rascher, was wieder die Tätigkeit der Atmungsmuskulatur fördert, mit der Luft wird mehr Sauerstoff ins Blut gebracht, durch Ausatmung der Körper von der Kohlensäureanhäufung befreit. Die Lymphgefäße arbeiten reger, sie führen aus den Muskeln die unverwertbaren Abfallstoffe, auch die Überreste der zur Verfügung gestellten Fettreserven, weg. An allem und jedem zeigt sich, wie sehr der ganze Umsatz im Körper durch die Leibesübungen gefördert wird.

In Amerika hält man es schon lange für notwendig, der körperlichen Unterwertigkeit des einzelnen auf ganz persönliche, individuelle Weise zu begegnen. Ein amerikanischer Arzt, Crampton, der sich mit dieser Frage befaßt, betrachtet drei Bestandteile der Übungen als wesentlich für ihre Wirkung: den anatomischen, den physiologischen und den seelischen Einfluß. Der anatomische Einfluß macht sich in Richtigstellung und Verbesserung der ganzen Körperbeschaffenheit notwendig. Als Beispiel möge der Arm und die Hand des Kohlenträgers dienen. Zu gleicher Zeit umklammert er den Stiel der Schaufel und läßt seine Muskeln arbeiten. Die Folge ist, daß die Muskeln die Finger in gekrampfter Stellung festzuhalten suchen; es ist schwer, wenn nicht unmöglich für ihn, die Finger gerade auszustrecken. In gleicher Weise kann er auch den Arm nicht vollkommen ausstrecken, weil sich der Bizeps, der zweiköpfige Oberarmmuskel, bei ihm verkürzt hat. Der dicke Herr, der seinen Fettansatz hauptsächlich seinem ständigen Autofahren zuzuschreiben hat, kann gar nicht mehr länger laufen, ohne sogleich zu ermüden, ohne „Turnschmerzen" zu bekommen. Die Muskeln seiner Beine sind auf eine solche, ursprünglich natürliche, Bewegung nicht mehr eingestellt. Die Übungen müssen auf diese anatomischen Besonderheiten Rücksicht nehmen.

In physiologischer Beziehung wird auf die Organtätigkeit durch Übungen ein erwünschter Reiz ausgeübt. Zahlreiche dicke Personen haben infolge des Mangels oder zu geringem Gebrauch richtiger Körperbewegung ihre Eingeweide an ungenügende Tätigkeit gewöhnt. Das Herz ermüdet schon bei der geringsten Anstrengung, der Darm kommt seinen Aufgaben nur langsam und träge nach. Mit durch solche ungenügende Organtätigkeit wird eine Überreizung des Nervensystems hervorgerufen, die bei Selbstbeherrschung nicht immer zum Vorschein kommen muß, aber subjektiv sehr peinlich zu ertragen ist.

Seelisch müssen die Übungen Interesse und Freude bereiten, sie müssen dem Übenden selbst „Spaß bereiten". Ein Teil der günstigen Wirkungen körperlicher Übungen geht verloren, wenn es dem Ausübenden an Interesse für die Übungen fehlt. Der eine reitet besonders gern, einem andren ist Turnen das langweiligste Geschehen von der Welt. Interesse und Freude an den Übungen bedeuten gleichzeitig eine geistige Ablenkung und seelische Übung, gewissermaßen neben dem körperlichen ein seelisches „Training".

Die Berücksichtigung der seelischen Einwirkung der Leibesübungen ist, worauf meistens nicht geachtet wird, besonders deshalb so wichtig, weil nur so eine Dauerdurchführung verbürgt wird. Es gibt ja zahlreiche Menschen, die sich im Bewußtsein einer Pflicht auch Dingen, die sie innerlich teilnahmslos lassen, unterziehen. Aber die meisten führen Übungen, die ihnen langweilig und eintönig erscheinen, nicht lange durch. Sie würden die Übungen gern betreiben, wenn sie ihnen Freude machten und ihr Interesse weckten. Im allgemeinen sind die Übungen am erfreuendsten, die am meisten naturgemäß sind. Von Natur aus laufen und springen, werfen und schwimmen die Kinder; sie tun es von selbst und mit Lust. Einstmals war es nötig, daß der Mensch, wollte er leben, laufen und jagen konnte und viele andere Dinge beherrschte, die mit körperlichen Bewegungen verknüpft waren und eine übermäßige Gewichtszunahme verhinderten. In dieser Tatsache ist es begründet, warum auch der moderne Kulturmensch so gern jagt, schwimmt, reitet, läuft (beim Fußball) rudert, radfährt usw.

Wo Zeitmangel es nicht gestattet, eine solche freiere Leibesübung zu regelmäßigem Bestandteile der Lebensführung zu wählen, ist man häufig auf die häuslichen Freiübungen angewiesen. Auch sie gewinnen an Reiz und Interesse, wenn sie länger durchgeführt und die günstigen Folgen offenbar werden. Wo es geht, sind Übungen, die „spielmäßig" durchgeführt werden können, allein oder als Ergänzung der häuslichen Betätigung, vorzuziehen. Namentlich das Schwimmen, das sich außer im Sommer das ganze Jahr hindurch in städtischen Schwimmbädern durchführen läßt, sollte von Menschen, die schlank bleiben oder werden wollen, regelmäßig betrieben werden. Das Schwimmen greift wie kaum ein anderer Sport gleichmäßig an allen Muskeln und Organen des ganzen Körpers an und bedeutet daher einen wirksamen Ausgleichspender für den ganzen, vernachlässigten Organismus.

Es ist aber nicht richtig, im Übereifer zuviel und Schwerdurchführbares zu verlangen. Gewiß ist es wünschenswert, daß jemand, der abnehmen will, jeden Tag schwimmt. Das aber beispielsweise von einem beschäftigten Geistesarbeiter zu verlangen, heißt das Erreichbare verkennen. Er wird nicht die Zeit finden, um das regelmäßig durchzuführen. Rät man ihm dagegen, zweimal in der Woche zu schwimmen, so ist das erreichbar. Er kann es wirklich tun, und damit wird sein Verantwortungsgefühl geweckt. Der Rat, täglich zu schwimmen, wird nicht befolgt, kann nicht befolgt werden. Damit stellt sich auch ein schlechtes Gewissen ein, das Bewußtsein, die getroffenen Anordnungen nicht genau befolgt zu haben, und die verhängnisvolle Idee, „es geht auch so", die dann auf andere Maßnahmen übergreift. All das wird vermieden, wenn man in richtiger Erkenntnis der vorhandenen Hemmungen nur zweimal in der Woche schwimmen will, und das Mehr als freiwillige Leistung auffaßt. Richtige psychologische Einstellung ist für den Dauererfolg der Abmagerungsbestrebungen von größter Bedeutung.

Das anfängliche „Turnweh", Unbehagen und Muskelschmerzen, verschwindet rasch, wenn der Körper in gutem Stand ist. Es macht dem angenehmen Gefühl von zunehmender Kraft und Leistungsfähigkeit Platz; unterstützt wird dieses durch die Wahrnehmung, daß in Bälde der unerwünschte Fettüberschuß zu schwinden beginnt. Ist dagegen der Körpermechanismus nicht ganz in Ordnung und nicht geeignet zu anstrengenderer Tätigkeit, so treten unangenehmere Folgeerscheinungen auf, Atemnot, Herzklopfen usw. Es besteht hier zunächst nur die Fähigkeit zu leichten Anstrengungen; sie sind erst allmählich zu erweitern.

Sonstiges Verhalten.

Neben diesen beiden Hauptpunkten treten andere Eigentümlichkeiten sogenannter Entfettungskuren zurück. Sie sind nicht nötig und können immer nur ein Begleitmittel sein, ob es nun die in manchen Volkskreisen beliebten Zitronenkuren sind oder ob Medikamente benützt werden (Schilddrüsensubstanz usw.). Derartige Medikamente können am falschen Platz und in ungeeigneter Anwendung sogar großen Schaden anrichten und sollten jedenfalls nie ohne ärztliche Aufsicht verwandt werden. Wer glaubt, mit „Entfettungstabletten", wie sie vielfach angepriesen werden, ohne Nahrungseinschränkung oder Steigerung der körperlichen Tätigkeit schlanker werden zu können, wird wesentlich geringere Erfolge erzielen als der Fabrikant mit dem Verkauf des Mittels.

Mit am wichtigsten für den Erfolg der angewandten Maßnahmen ist die stete Benutzung der Wage. Nur regelmäßiges Wiegen und Eintragen der Ergebnisse in eine Tabelle gibt Gewißheit über Erfolg und Zwecklosigkeit der Bemühungen, läßt erkennen, ob schärfere Maßnahmen ergriffen werden müssen oder ob mit den eingeschlagenen Wegen auszukommen ist. An Hand der Wage ist zu ersehen, ob langsam und gleichmäßig Herabsetzung des Gewichtes erfolgt, oder ob überstürzt eine schädliche Gewichtsabnahme eingesetzt hat. Man verlasse sich aber ja nicht auf sein Gedächtnis, sondern schreibe die einzelnen Gewichtszahlen mit dem zugehörigen Datum auf. Die Wage gibt dem, der sie zu lesen und ihr gewissenhaft zu folgen versteht, untrüglichen Hinweis auf das, was zu ändern ist. Gewissenhaft und regelmäßig muß auch hier vorgegangen werden, mit der gleichen Ruhe und Energie, die alle Schritte des Schlankheitssuchenden wie seines Arztes bei Abmagerungsbestrebungen leiten muß.

Neben der Wage darf das subjektive Befinden nicht unberücksichtigt bleiben. Wohlbefinden und Gesundheitsgefühl muß auch beim Schlankwerden vorhanden sein, sonst ist man zu schroff vorgegangen und muß Einhalt tun. Im übrigen sollte ein Wort Friedrichs des Großen Leitgedanke sein: „Es ist wahr, daß wir einfacher und enthaltsamer leben könnten; warum aber den Genüssen entsagen, wenn man sich ihrer erfreuen kann? Die wahre Philosophie, meine ich, besteht darin, den Mißbrauch zu verdammen, ohne den Gebrauch zu untersagen, man muß alles entbehren können, aber auf nichts verzichten." Dieses Wort zeigt die Stellung an, die der Schlankheitsuchende einnehmen soll. Es handelt sich ja nicht um ein moralisches Vorgehen zwecks Kasteiung der übermütigen Seele, sondern um eine Einschränkung aus Gesundheitsgründen, die nicht weiter getrieben werden soll als wirklich notwendig ist. Wage und subjektives Befinden geben darüber Auskunft. Wer gleichmäßig den entwickelten Grundsätzen getreu lebt, darf ruhig und ohne Bedenken auch einmal anläßlich eines Festes oder eines Freudentages über die Stränge schlagen. Die Menschen, die anläßlich einer Hochzeit oder einer Jubiläumsfeier zu viel essen, werden nicht zu dick, wohl aber jene, die an allen anderen Tagen ihren wirklichen Bedarf überschreiten.

Behandlung von Fettleibigkeit und Fettsucht.

Die stärkeren Grade von Fettleibigkeit und Fettsucht brauchen richtige Behandlung. Im wesentlichen handelt es sich um die gleichen Grundsätze, wie sie beim gewöhnlichen Dickwerden zur Anwendung gelangen. Selbstverständlich ist eine intensivere Einwirkung notwendig. Die einfache Umstellung der Lebensweise genügt in der Regel nicht: die Anwendung durchdachter Kuren ist erforderlich. Selbstverständlich können sie nur unter genauer ärztlicher Anleitung und Beobachtung durchgeführt werden. Die folgenden Ausführungen geben die Grundbegriffe wieder, nach denen bei Entfettungskuren vorgegangen wird.

9. Indikationen für Entfettungskuren; ihre Gefahren.

Wann sind Entfettungskuren notwendig?

Es gibt nicht nur Kranke in der Einbildung, wie sie Molière so grausam charakterisierte, sondern es gibt auch Gesunde in der Einbildung. Sie sind freilich seltener. Mancher Mensch, der einen außerordentlichen Leibesumfang besitzt, gerötetes Gesicht, pralle Wangen, ein ordentliches Doppelkinn und Fettnacken hat, gilt für besonders gesund, bei sich und bei anderen. Sehr zu Unrecht kann eine solche Meinung bestehen: über ihm hängt das Damoklesschwert der schlimmen Folgen der hochgradigen Fettleibigkeit, und ehe der Faden reißt, an dem es hängt, sollte es durch eine geeignete Entfettungskur entfernt werden.

Eine solche Kur „schwächt" den Körper nicht, wie man vielfach befürchten hört. Die falsche Auffassung ist durch falsche Kuren oder falsche Anwendung einer richtigen hervorgerufen. Es ist nicht angängig, schematisch irgend eine Kur, ein bekanntes System auf jeden Fall von Fettleibigkeit anzuwenden. Die Auswahl unter den zur Verfügung stehenden Methoden, auch unter den Diätkuren, ist so groß, daß sich für jeden einzelnen das Richtige finden läßt. Keinesfalls darf eine Kur deshalb unternommen werden, weil sie — und gerade sie — einem Freund oder Bekannten geholfen hat. Die einzelnen Menschen sind verschieden, die Ursachen ihrer Fettleibigkeit sind verschieden, und ebenso verschieden und individuell angepaßt muß die Behandlung sein.

Es sind oft nicht so sehr die gerade vorhandenen Beschwerden als die Rücksicht auf die Zukunft, die eine rechtzeitige Entfettungskur angezeigt erscheinen läßt. Wenn einmal so eingreifende Beschwerden bestehen wie bei dem geschilderten Fall von hochgradiger Fettleibigkeit (S. 60), so können manche Wege nicht mehr rasch und mühelos genug zum Ziel führen, so daß gerade auf die gangbarsten verzichtet werden muß. Es ist insbesondere die Rücksicht auf das Herz und die Blutgefäße, die rechtzeitig zur Entfettung veranlassen sollte. Die erhöhte Arbeit, die dem Herzen durch die Fettdurch- und umwachsung, durch Behinderung von seiten umliegender Fettmassen, schließlich durch die außerordentliche Vermehrung von Körperumfang und Körpergewicht, durch gewaltige Steigerung der zu bewegenden Last erwächst, wurde schon gekennzeichnet. Das Herz wird hier schon unter normalen Verhältnissen bis zur Grenze seiner Leistungsfähigkeit beansprucht. Kommt nun eine alltägliche Krankheit hinzu, eine Entzündung der Bronchien oder Lungen, eine starke Allgemeininfektion, oder eine Erkrankung, die durch Entzündung von Herzklappen oder Herzmuskel den treibenden Motor selbst weniger leistungsfähig macht, so bildet die Tatsache, daß eigentlich keine nennenswerten Herzreserven mehr zur Verfügung stehen, eine beachtenswerte Komplikation. Auf solches Zusammentreffen wird man es nicht ankommen lassen und deshalb rechtzeitig, in gesunden Tagen, durch Abbau eines überschüssigen Fetteiles für Entlastung des Herzens und Möglichkeit zur Bildung von Reservekraft sorgen.

Aus den gleichen Gründen wie das Herz sind die Blutgefäße stärker beansprucht. Nicht jedes Fettleibigen Blutgefäße sind der dauernden Überlastung gewachsen: sie reißen an einer Stelle unter dem hohen Druck, der im Gefäßsystem herrscht, oder es bilden sich Gerinnsel und örtliche Verstopfungen der Blutbahn. Tritt eine solche Gefäßveränderung im Gehirn auf, so entstehen die typischen Erscheinungen des Gehirnschlags. Von ihm sind Fettleibige, deren Gefäßsystem erkrankt ist, bedroht. Oftmals kündigt sich ein bevorstehender Gehirnschlag durch gewisse Vorboten an: das Gesicht rötet sich nach kleinen Anstrengungen oder Erregungen stark, im Leib besteht nach den Mahlzeiten ein unbehagliches Gefühl der Völle und Schwere, die bisher regelmäßige Darmtätigkeit wird unregelmäßig, was zu schädlichem Pressen bei der Darmentleerung veranlaßt, Kopfschmerzen, Schwindelgefühle, Flimmern vor den Augen, Anwandlungen von Ohnmacht treten auf, es besteht ein allgemeines Unruhegefühl im ganzen Leib, dazu kommen objektiv wahrnehmbare Erscheinungen von seiten des Pulses, hoher Blutdruck, Beschleunigung des Pulses, usw. Auch in diesem Vorstadium kann ein Schlaganfall durch geeignetes Verhalten unter ärztlicher Leitung noch vermieden werden. Der Fettleibige wird aber durch rechtzeitige Entfettungskur überhaupt danach trachten, ein solches Stadium gar nicht eintreten zu lassen.

Nierenkranke, namentlich solche, bei denen eine Schrumpfniere besteht, tun gut daran, durch rechtzeitige Entfernung des überschüssigen Fettes die Belastung der Nieren auf ein Mindestmaß zurückzuführen. Das Allgemeinbefinden von Nierenkranken verschlechtert sich häufig, wenn infolge ungeeigneter, überladener Kost Fettleibigkeit gezüchtet wird: Herzbeschwerden, Atemnot, allgemeines Unbehagen und Müdigkeit sind die

Folge. Die Beschwerden bilden sich rasch wieder zurück, oft sogar in wirklich auffallender Weise, wenn geeignete Kost eine Fettabnahme mit sich gebracht hat.

Es ist eine leicht zu beobachtende Eigentümlichkeit vieler fettleibiger Personen, daß sie immer husten und sich räuspern müssen und jeden Augenblick Katarrhe der Atmungsorgane bekommen. Sie nehmen sich vor Erkältungen ängstlich in acht, machen Trink- und Inhalationskuren für die Atmungsorgane durch, und doch kehren die Beschwerden immer wieder. Endgültig sind diese chronischen Luftröhren- und Bronchialkatarrhe recht häufig erst dann zu beseitigen, wenn mit dem Schwund des überschüssigen Fettes Bronchien und Lungen sich wieder frei ausdehnen, tief atmen und das in ihnen gestaute Blut in den regelmäßigen Kreislauf abgeben können. Vor allem schwinden oft mit dem überschüssigen Fett auch die krampfhaften Zustände von Reizhusten, die den Patienten sehr zugesetzt haben. Damit ist gleichzeitig eine wesentliche Entlastung für Herz und Gefäßsystem gewonnen.

Erkrankungen der Leber und Gallenblase, die mit der Fettleibigkeit einhergehen, sind im allgemeinen eine Indikation zur Einleitung einer Entfettungskur. Die Diätkur wird hier zweckmäßig mit einer geeigneten Heilquellen-Trinkkur verbunden. Die Erfolge derartiger Trinkkuren bei Lebervergrößerung, Leberschwellung, Gallensteinen, Gallenblasenentzündung usw. hängen in vielen Fällen unmittelbar mit dem Rückgang der Fettleibigkeit zusammen.

Krankheiten der Bewegungsorgane und Fettleibigkeit beeinflussen sich wechselseitig ungünstig. Die Anstrengung beim Gebrauch der erkrankten Muskeln und Gelenke läßt die Bewegungen auf ein Mindestmaß beschränken; dadurch wächst die Fettleibigkeit. Umgekehrt erschwert die Fettleibigkeit die ohnehin gehemmten Bewegungen durch das schwere Gewicht, das zu bewegen ist, und fördert unbewußt den Drang nach möglichst geringer Bewegung. Ein Plattfuß, der unter dem Übergewicht des fettleibigen Körpers heftige Schmerzen verursachte, bessert sich nach einer Entfettungskur. Gelenkversteifungen und Muskelschmerzen schwinden in ihrem Gefolge. Erkrankungen, die zu Formveränderungen der Gelenke führen (Gicht, chronischer Gelenkrheumatismus), bringen keine so schlimmen Folgen hervor, wenn nicht das Übergewicht noch eigens auf den erkrankten Gelenken lastet. Auch hier ist also eine Indikation für Entfettungskuren gegeben.

Bei Schwangerschaft wird vielfach zu Unrecht die Ernährung eingeschränkt, um kleinere Kinder und damit leichtere Geburten zu erzielen. Es gibt ein eigenes Verfahren, das von Verminderung der Kohlehydrate und Entziehung von Flüssigkeit in der letzten Zeit der Schwangerschaft Gebrauch macht und namentlich bei engem Becken in Anwendung kommen soll. Die Wirksamkeit dieses Vorgehens wird von den meisten Geburtshelfern bestritten; sie kommt in diesem Zusammenhang nicht in Betracht. Dagegen ist die Frage offen, ob im Interesse der Mutter bei einer stark fettleibigen Schwangeren eine Entfettungskur vorzunehmen ist. Die Wahl eines anderen Zeitpunktes für Vornahme einer Entfettungskur ist gewiß wünschenswert, doch ist die Möglichkeit einer Wahl nicht immer gegeben. Starke Fettleibigkeit erschwert rein mechanisch durch Verengerung der Geburtswege die Geburt; die Überlegungen, die als Indikation für Entlastung des Herzens und der Nieren angestellt wurden, gelten bei einer Schwangeren erst recht. v. Noorden ist der Ansicht, daß hier eine vernünftig geleitete Entfettungskur jedenfalls ein viel kleineres Übel darstellt als das Bestehenlassen der Gefahrpunkte. Als Zeit für wirksame Durchführung einer Entfettungskur bei Schwangeren kommt die Zeit zwischen dem vierten und dem Ende des siebenten Schwangerschaftsmonates in Betracht. Als Methode erwies sich vegetarische Entfettungskost mit eingeschlossenen Milchtagen als vorteilhaft. Doch muß das von Fall zu Fall entschieden werden. Vollständig abzusehen ist von der Anwendung medikamentöser Entfettungsmaßnahmen während der Schwangerschaft, insbesondere vom Gebrauch von Schilddrüsenpräparaten. Aus „ästhetischen" Gründen, um schlanker zu erscheinen, sollte während der Schwangerschaft niemals eine Abmagerungskur in Betracht kommen; nur eine gesundheitliche Indikation kann sie notwendig werden lassen.

Wann sind Entfettungskuren unangebracht? Gefahren der Entfettungskuren.

Unangebracht (kontraindiziert) sind Entfettungskuren bei älteren Personen, die das ganze Leben hindurch oder wenigstens die letzten Jahrzehnte fettleibig gewesen waren. Mit 60 Jahren oder noch mehr sollen keine Entfettungskuren (ohne zwingende Gründe in Ausnahmsfällen) begonnen werden. Der Körper hat sich an die jahrzehntelange Fettleibigkeit so gewöhnt, daß man ihm nicht eine so späte Umstellung zumuten darf. Auch wenn gewisse subjektive Beschwerden der Fettleibigkeit mit der Abnahme der Muskelkraft stärker hervortreten und unangenehmer empfunden werden, sollte einem plötzlichen Verlangen nach Entfettungskur nicht entsprochen werden. Mit der Erfüllung des Begehrens stellt sich sehr oft ein allgemeiner körperlicher Zusammenbruch ein, der nur schwer wieder zu beheben ist. Auch bei jungen Menschen in der Entwicklungszeit und Kindern sind eigentliche Entfettungskuren nicht angezeigt. Es wird der beschriebene gemäßigte Weg einzuschlagen und nur von Zeit zu Zeit eine kurze Zeitspanne schärferer Maßnahmen einzuschieben sein.

Das Vorhandensein von Krankheiten kann vorübergehend den Aufschub einer an und für sich notwendigen Entfettungskur bedingen. Zuckerkranke (Diabetiker) befinden sich im allgemeinen besser, wenn ihr Körpergewicht das Normalgewicht übersteigt. Entfettungskuren werden von ihnen häufig nicht gut vertragen. Nur starke, bedrohliche Grade von Fettleibigkeit werden daher bei Zuckerkranken zu aktivem Vorgehen herausfordern, während bei mittleren Graden höchstens auf Vermeidung der Weiterzunahme des Fettüberschusses geachtet werden soll. Geringe Grade von Fettleibigkeit sollten unbeachtet bleiben. Der Verlauf der Gicht, einer anderen Stoffwechselerkrankung, wird dagegen durch Entfettung günstig beeinflußt schon durch die damit Hand in Hand gehende für Gichtbehandlung geeignete Umstellung der Lebensweise

Scharfe Entfettungskuren (die dritte Stufe der im nächsten Kapitel beschriebenen Diätkuren) erfordern besondere Aufmerksamkeit von seiten des Arztes wie des Patienten, um nicht zu einer Gefahrenquelle zu werden. Es ist wohl nur selten möglich, sie in den Plan des täglichen Lebens mit seinen Berufspflichten und -sorgen einzufügen; sie bringen eine zu große Belastung mit sich. Fast immer wird sich ihre Durchführung in einem Sanatorium oder einer ärztlich geleiteten Kuranstalt notwendig erweisen. Sie sind besonders am Platze wenn mildere Kuren versagt haben. Nicht richtig ist es, das ganze Jahr hindurch über den Bedarf hinaus rücksichtslos zu essen und zu trinken, was das Herz und der Gaumen begehrt, und dann einmal alljährlich 4 oder 5 Wochen eine scharfe Entfettungskur mitzumachen. Am günstigsten für den Organismus ist eine richtig und planvoll durchgeführte Lebensweise, die zu so starker Belastung nicht greifen muß. Nur in den Fällen, wo man auf andere Weise nicht zum Ziel kommt, sind strenge Entfettungskuren angebracht. Bei richtiger ärztlicher Führung lassen sich auch die Gefahren für Nerven und Organe vermeiden, wie sie schon mehrtägige Anwendung sonst mit sich bringen könnte.

Aber auch leichte Entfettungsmethoden, wenn sie zu lang fortgesetzt oder zu schroff durchgeführt werden, führen zu unangenehmen Erscheinungen und Zwischenfällen. Abnahme der Muskelkraft, Schlaffheit, Reizbarkeit der Nerven, Weinkrämpfe und Erregungszustände, Schlaflosigkeit, Herzschwäche, Herzklopfen, Schwindelanfälle und Kopfschmerzen, Blutarmut sind die rasch bemerkbar werdenden Folgen von Übertreibungen auf diesem Gebiet. Dabei wird der Fettbestand nicht in der gewünschten Weise gelichtet. In der Regel sollen die Entfettungskuren — außer dem allgemeinen Gewichtsüberschuß — das Fett an den Bauchdecken und in den Organen entfernen. Rasche Entfettungskuren bringen meistens aber zunächst das Fett am Nacken und Hals, an den Brüsten und Waden, im Gesicht zum Schwinden, und greifen erst später sichtbar auch am Unterleib an. Die Folge ist Runzlig- und Schlaffwerden der Hautpartien an Hals, Gesicht und Brust, ein Vorgang, der gealtertes Aussehen gibt und schon schlecht und mager aussehen läßt, wenn das Körpergewicht insgesamt noch recht wenig abgenommen hat. Das ist natürlich eine höchst unerwünschte Folge für viele Menschen. Langsame Abmagerung dagegen bringt das Fett gleichmäßig am ganzen Körper zum Schwinden und bewahrt daher auch vor ungünstigem überaltertem Aussehen.

Wichtig ist stets die Erhaltung des Eiweißbestandes des Körpers bei jeder Entfettungskur. Man trifft in Gesellschaft immer wieder Leute, die sich rühmen, ganz allein und sehr rasch durch energische Nahrungsenthaltung ihr Körpergewicht bedeutend vermindert zu haben. Sie sind sehr stolz darauf, ihre Befriedigung macht Eindruck auf die Umgebung, und sie genießen das Ansehen von Sachverständigen. Aber eines Tages kann es passieren, daß diese Heroen mitten während einer Einladung oder einer Besprechung einen Schwächezustand bekommen und zusammenklappen. Das wiederholt sich mehrfach, bis sie selbst erkennen oder klar gemacht bekommen, daß die übertriebene Abmagerungskur schuld an dem Zusammenbruch ist. Sie haben so lange fortgemacht, bis der Eiweißbestand des Körpers angegriffen war. Das geschieht nicht in der ersten Zeit, es können Wochen, bei kräftigen Naturen Monate darüber hingehen, bis krankhafte Erscheinungen auftreten. Aber sie bleiben niemals aus. Durchführung einer richtigen Entfettungskur ist eine Kunst, die aber nicht gefühlsmäßig, sondern nur mit Wissen und Können zu betreiben ist. Auch wenn nach dem Zusammenbruch alsbald richtige Kost wieder dem geschwächten und eiweißverarmten Körper zugeführt wird, dauert es längere Zeit, ehe die Schädigung gänzlich behoben ist. Das abgebaute Eiweiß ersetzt sich, wie es nur langsam angegriffen wurde, erst allmählich wieder und erst nach völligem Ausgleich sind Nerven und Organe wieder imstande, ihre ehemaligen Leistungen voll durchzuführen.

10. Diätkuren.

Bei den Bestrebungen, schlank zu bleiben oder zu werden, wie sie dem gewöhnlichen Dickwerden angemessen sind, genügen in der Regel die allgemeinen Angaben, was an Nahrungsstoffen zu vermeiden, was gestattet ist. Eine genaue Kalorienberechnung der Ernährungsform ist nicht nötig. Bei den Entfettungskuren zweiten und insbesondere dritten Grades ist aber eine Kalorienberechnung des Brennwertes der genossenen Nahrungsmittel unerläßlich. Meistens wird sie ein Arzt aufstellen. Die große Tabelle des Brennwertes der Nahrungsmittel (S. 40ff.) läßt eine Kalorienberechnung für alle Kostformen zu.

Die verordnete Kost muß kalorienarm sein, in ihrer Zusammensetzung kann sie auch bei den strengen Entfettungskuren den persönlichen Wünschen und Liebhabereien des Patienten entgegenkommen. Ob mehr Fett oder mehr Kohlehydrate gegeben werden, das sollte im einzelnen nicht von einem starren System abhängig gemacht werden, sondern auch von den Bedürfnissen des Patienten. Grundbedingung muß allerdings auch bei strengster Entfettungskur sein, daß der Eiweißbedarf des Körpers mit einem Mindestmaß von Eiweißzufuhr in der Nahrung zu decken ist. Körperbewegung ist schon deshalb von Bedeutung, weil anscheinend unter sonst gleichen Umständen der arbeitende Muskel das Eiweiß besser festhält und ansetzt als der ruhende. Ein fehlerhafter Stoffwechsel im Sinne eines Eiweißverlustes ist hier also leichter zu vermeiden als bei Fettentzug lediglich durch Hungern.

Drei Stufen der Entfettungskost.

Unter den zahlreichen Diätkuren erscheint als die heute am besten begründete die v. Noordensche. Sie ist nicht nur auf reicher praktischer Erfahrung aufgebaut, sondern entspricht auch am besten dem augenblicklichen Stand unserer physiologischen Kenntnisse, so daß man ihr am sichersten folgen wird.

Es sei als wahre Erhaltungskost, wie sie der Größe und der Beschäftigung des Patienten entspricht, eine Nährwertsumme von 2500 Kalorien pro Tag angenommen. v. Noorden unterscheidet dann drei Stufen der Entfettungskost.

I. Stufe der Entfettungsdiät = rund $^4/_5$ des Bedarfs, im gewählten Beispiel also 2000 Kalorien.

II. Stufe der Entfettungsdiät = zwischen $^4/_5$ und $^3/_5$ des Bedarfs, hier also 2000—1500 Kalorien.

III. Stufe der Entfettungsdiät = zwischen $^3/_5$ und $^2/_5$ des Bedarfs, hier also 1500—1000 Kalorien.

Die I. Stufe dieser Entfettungskost entspricht ungefähr dem, was wir im Kapitel „Schlankbleiben und Schlankwerden" bereits besprochen haben. Bei der II. Stufe sind in ähnlichem, nur schärferem Maße Fettgaben sehr beschränkt, ebenso überflüssige Kohlehydrate, namentlich Zuckerwaren. Die im einzelnen verbotenen und gestatteten Nahrungsmittel sind aus den Angaben im Kapitel „Schlankbleiben und Schlankwerden" zu ersehen; die Mengen sind entsprechend weiter zu vermindern. Zweckmäßig wird in der Woche ein Milch- oder Obst- oder Obst-Gemüsetag — von denen noch eingehender die Rede sein wird — eingeschoben, um Kostmaßüberschreitungen an anderen Tagen einen Ausgleich zu schaffen. Die deutsche Kriegskost, die auf Marken rationiert war, entsprach ungefähr einer Entfettungsdiät II. Stufe, allerdings mit zu geringem Eiweißgehalt, soweit nicht auf inoffiziellen Wegen („schwarz") eine Erhöhung des Kostmaßes herbeigeführt werden konnte. Die Kost in den Kurorten für Fettleibige ist im allgemeinen auf den Stand der Entfettungskost II. Stufe gehalten. Vegetarische Entfettungskuren gehören in diese Rubrik.

Eine Entfettungskur II. Stufe läßt sich im Berufsleben noch ohne Störungen ertragen. Sie kann auch, was bei stärkeren und mittleren Graden von Fettleibigkeit notwendig ist, längere Zeit durchgeführt werden. Das Gewicht, das Anfangs um 1—2 kg im Monat abnimmt, vermindert sich später langsamer, was nur wünschenswert ist. v. Noorden-Salomon berichten von einem Fall, wo die Kost, von einzelnen Überschreitungen bei festlichen Gelegenheiten abgesehen, genau eingehalten und die Verhältnisse genau beobachtet werden konnten. Es ergab sich bei Beibehaltung der normalen Berufstätigkeit und sonstigen Lebensverhältnissen folgender Verlauf der Gewichtsabnahme:

in den	ersten	drei	Monaten	Durchschnittsverlust	= 2,1	kg;	zusammen	= 6,3	kg
„ „	zweiten	„	„	„	= 1,4	„	„	= 4,2	„
„ „	dritten	„	„	„	= 0,8	„	„	= 2,4	„
„ „	vierten	„	„	„	= 0,4	„	„	= 1,2	„
„ „	fünften	„	„	„	= 0,2	„	„	= 0,6	„
„ „	sechsten	„	„	„	= 0,2	„	„	= 0,6	„
„ „	siebten	„	„	„	= 0,3	„	„	= 0,9	„
„ „	achten	„	„	„	= 0,1	„	„	= 0,3	„

Von da ab hielt sich das Gewicht, das innerhalb zweier Jahre planmäßig um 15,3 kg (von 97 auf 81,7 kg) gesunken war, mit kleinen Schwankungen auf gleicher Höhe, auch als die Kost wieder freier gehandhabt wurde. Die fettansetzende Kraft der neuerlichen Zulagen wurde durch wiedergewonnene größere Beweglichkeit und freiwilliges Aufgeben früher angewöhnter Bequemlichkeiten voll ausgeglichen. Dieses Beispiel zeigt gleichzeitig, wie auch bei langer Dauer der Kosteinhaltung keine Beschwerden oder Berufsstörungen auftreten.

Als Beispiel für Aufstellung eines Kostzettels, der unter Einhaltung der Kalorienzahlen wunsch- und geschmackgemäß zu variieren ist, sei ein von v. Noorden-Salomon aufgestellter Kostzettel für Entfettungsdiät II. Stufe mitgeteilt.

	Stickstoffsubstanz (Eiweiß)	Fett	Kohlehydrate	Kalorien
Morgens:				
Tee oder Kaffee (Sacharin)	—	—	—	—
100 g mageres Fleisch (Rohgewicht)	20,0	1,5	0,2	96
50 g Gurke	0,5	—	1,1	7
Vormittags:				
200 g frisches Obst	1,4	—	16,0	70
Mittags:				
200 g leere Fleischbrühe	1,2	1,0	—	14
150 g mageres Fleisch	30,0	2,2	—	144
200 g Gemüse (Rohgewicht)	4,0	0,4	9,0	57
200 g Kartoffel	4,0	0,2	40,0	180
10 g Butter (zu Fleisch und Gemüse)	—	8,2	—	76
200 g gekochtes Obst mit Saccharin	1,4	—	16,0	70
100 g frisches Obst	0,7	—	8,0	35
Vesper:				
Tee nach Belieben, 1 Ei	5,9	5,2	—	72
Abends:				
2 Eier (oder kalorisch etwa gleichwertig 150 g Fleisch)	11,8	10,4	—	145
200 g Gemüse (Rohgewicht)	4,0	0,4	9,0	57
10 g Butter zur Bereitung	—	8,2	—	76
200 g Kartoffel	4,0	0,2	40,0	180
50 g Radieschen	0,6	—	2,0	11
100 g frisches Obst (roh oder gekocht)	0,7	—	8,0	35
50 g Magerkäse	17,8	6,1	2,1	136
Für den ganzen Tag:				
100 g Schrotbrot	8,1	0,7	47,6	234
Rund	116,0	45,0	200,0	1600

An dieser Kostordnung wird vielen Menschen nur der geringe Brotgehalt unangenehm sein. Das läßt sich ausgleichen, indem entweder noch etwas Brot zugelegt wird, wodurch sich der Kaloriengehalt etwas, aber noch erträglich steigert, oder indem die beiden Zwischenmahlzeiten am Vormittag und Nachmittag ausfallen und bei den Mahlzeiten kalorienmäßig durch Brot ersetzt werden. Wenn Mehlspeisen an Stelle anderer Nahrungsmittel eingelegt werden, ist zu berücksichtigen, daß für einen gehäuften Eßlöffel Mehlspeise durchschnittlich 50 Kalorien zu rechnen sind.

Die III. Stufe der Entfettungskost erfordert genaue Berechnung. Sie ist im allgemeinen mit den Anforderungen täglichen Berufslebens nicht vereinbar. Sanatoriumsaufenthalt oder ärztlich überwachter Hausaufenthalt sind nötig. Verschiedene Autoren haben diese strengen Kuren je nach ihren grundsätzlichen Vorstellungen verschieden angeordnet; das geht aus folgender Tabelle hervor:

Diät nach	Eiweiß in g	Kohlehydrate in g	Fett in g	Alkohol in g	Kalorien
Banting	172	81	8	(75)	1100 (1600)
Oertel: Maximum	170	120	45	(60)	1600 (2000)
Oertel: Minimum	156	75	25	—	1180
Ebstein	102	47	85	(20)	1300 (1450)
Hirschfeld: Maximum	137	63	67	—	1400
Hirschfeld: Minimum	100	53	41	—	1000
Kisch: Maximum	200	100	12	—	1116
Kisch: Minimum	160	80	11	—	1086
v. Noorden: a)	120	118	35	—	1300
v. Noorden: b)	90	148	35	—	1300
Moritz (Milchkur): Im Mittel 1600 ccm	51	72	54	—	1010

Allzu genaue Zahlenangaben haben praktisch keinen großen Wert, weil die möglichen Fehlerquellen nicht gering sind. Berechnung auf insgesamt 100 Kalorien genau sind vollkommen ausreichend.

Ein Eiweißgehalt der Nahrung von 110—120 g ist zunächst ausreichend. Bei längerer Fortsetzung der Kur empfiehlt es sich, den Eiweißanteil zu steigern, bis auf 150 und 180 g. Die verhältnismäßig hohen Kohlehydratsziffern der v. Noordenschen Diätkur gestatten reichere Auswahl und kommen dem Sättigungsbedürfnis entgegen, viel mehr als Fett. 100 g Kartoffel haben etwa den gleichen Nährwert wie 13 g Butter In der Kalorienbilanz und im Einfluß auf den Fettbestand des Körpers spielen sie die gleiche Rolle. Aber die 100 g Kartoffel rufen viel stärkere Sättigungsempfindung hervor als die 13 g Butter, und für Ersparnis von Nervosität und Mißmut, von Schwächegefühl ist das sehr wichtig. Allzu fettarme Kost wiederum widersteht den meisten Menschen auf die Dauer, es fehlt hier ein belebendes und geschmackreizendes Element Man kann an Hand der Kalorientabellen von Zeit zu Zeit den Kohlehydratgehalt der Nahrung steigern und verkürzen, den Fettgehalt umgekehrt verkürzen oder steigern. Eine kleine Tabelle bei v. Noorden-Salomon zeigt die Kaloriengleichwertigkeit verschiedener Nahrungsmittel an.

Es entsprechen 500 Kalorien

von kohlehydratreichen fettarmen Nahrungsmitteln		von kohlehydratarmen fettreichen Nahrungsmitteln	
Kartoffeln	rund 570 g	Fettes Rindfleisch	rund 165
Schrotbrot	„ 240 g	Fettes Schweinefleisch	„ 125
Frische Gartenerbsen	„ 740 g	Fettes Hammelfleisch	„ 145
Karotten	„ 1560 g	Fette Gans	„ 105
Grüne Puffbohnen	„ 1100 g	Mettwurst	„ 110
Äpfeln	„ 1000 g	Mittelfetter Schinken	„ 200
Kastanien	„ 260 g	Geräucherter Speck	„ 75
Magermilch	„ 1200 g	Butter	„ 65

Auswechselmöglichkeit ist also in reichem Maße gegeben.

Die folgende Tabelle ist ein Kostzettel nach v. Noorden-Salomon, der einer strengen Entfettungskur von 1200—1300 Kalorien entspricht. 20 g Butter sind in ihm enthalten; sie können entweder als Beilage zu Brot oder Kartoffeln gegeben oder von der Küche mit den Speisen verwertet werden. Das „Kostgerüst" soll nur als Anhalt dienen, nicht sklavisch übernommen werden.

Beispiel einer Entfettungskur III. Stufe.

	Eiweiß in g	Fett in g	Kohlehydrate in g	Kalorien
Morgens:				
Tee mit Zitronensaft	—	—	—	—
2 Eier	11,8	10,4	—	rund 145
25 g Weizenschrotbrot	2,0	0,2	12,0	59
Mittags:				
200 g Fleischbrühe (ohne Fett)	1,2	—	—	14
200 g mageres Fleisch (Rohgewicht)	40,0	3,0	0,4	194
100 g Kartoffeln	2,0	0,3	20,0	93
200 g Gemüse (Rohgewicht), mittel	4,0	0,4	9,0	57
100 g Gurke (mit Essig, ohne Öl)	1,1	0,1	2,2	14
200 g zuckerarmes Obst	1,0	—	13,0	57
Schwarzer Kaffee	—	—	—	—
Nachmittags:				
Tee mit Zitronensaft	—	—	—	—
Abends:				
Tee	—	—	—	—
200 g mageres Fleisch (Rohgewicht)	40,0	3,0	0,4	194
100 g Kartoffeln	2,0	0,3	20,0	93
200 g Sauerkraut	2,4	1,0	5,4	34
100 g Tomaten (oder Radieschen)	0,9	0,2	4,0	22
200 g Äpfel	0,8	—	24,0	131
Für den ganzen Tag:				
20 g Butter	—	16,4	—	153
	109,2	37,0	110,0	
Kalorien	448,0	344,0	451,0	Summa 1243
Prozent der Kalorien	36,0	27,7	36,3	

Als Getränk dient Wasser oder Zitronensaft mit Wasser, mit Sacharin gesüßt. Die Getränkemenge soll etwa $1^1/_4$—$1^1/_2$ l betragen.

Statt den beiden Eiern lassen sich 300 g Äpfel in die Kost einsetzen; statt Mittags und Abends je 50 g Magerfleisch lassen sich je 50 g Kartoffeln einsetzen, und so sind leicht Abänderungen nach einer vorübergehend eiweißärmeren Kost,. die aber voluminöser ist, möglich.

Bemerkungen zu einzelnen Nahrungsmitteln.

Um einen sinngemäßen Austausch der Nahrungsmittel zu erleichtern, ist noch eine Gruppenordnung nach ihrem Eiweiß-, Fett- usw. -Gehalt angezeigt. Zu den eiweißreichen Nahrungsmitteln mit wenig Fett und Kohlehydraten gehören: mageres Fleisch, bei dem das sichtbare Fett entfernt und das selbstverständlich nicht mit fetten Saucen, Spicken mit Fett und ähnlichen Zutaten versehen sein darf; mageres Geflügel, mageres Wild; magere Fische; das Fleisch von Krebsen und Hummern; Austern, die einen äußerst geringen Nährwert haben, da sie zur Hauptsache aus Wasser bestehen: Magerkäse.

Zu kohlehydrathaltigen Nahrungsmitteln, die arm an Fett sind, gehören: Magermilch (mit Magermilch können auch Saucen zubereitet werden); Buttermilch, Brot (das mehrfach erwähnte Schrotbrot enthält neben den Bestandteilen des Mehlkerns auch die der Kleie, nur die äußersten Schichten der Schale sind entfernt), Kartoffeln, getrocknete Erbsen, Linsen und Bohnen, Schwarzwurzeln, frische Erbsen und Bohnen, Mohrrüben, Teltower Rübchen, Feldchampignon, Eierpilze, Steinpilze, mit Wasser oder Magermilch zubereiteter Kakao, Obst, roh, gekocht, getrocknet.

Es gibt verschiedene Nahrungsmittel, so der ohne Öl zubereitete Salat, die so geringen Nährwert haben, daß sie bei der Kostzettelaufstellung nahezu vernachlässigt werden können. Andererseits bewirkt ihre freie Einschaltung in den Speisezettel Erhöhung des Sättigungswertes der Mahlzeit und Ermöglichung einer vom Patienten angenehm empfundenen Abwechslung. Man braucht diese Nahrungsmittel nicht einer einzelnen Kalorienberechnung zu unterziehen; v. Noorden-Salomon rechnen höchstens 150 Kalorien, wenn der Patient reichlich Gebrauch von ihnen macht. Voraussetzung ist allerdings, daß nicht stärkerer Fettzusatz grundlegend den Wert dieser Nahrungsmittel verändert. Es handelt sich vor allem um folgende Nahrungsmittel: Spargel, Rhabarber, Blumenkohl, Rot- und Weißkraut, Sauerkraut, grüne Salate, Tomaten, Gurken, Radieschen, rote Rüben in Essig, abgefettete Fleischbrühe, Kaffee, Tee, Essig, Zitronensaft. Die Gemüse, denen kein Fett zugesetzt werden soll, können zweckmäßig mit Fleischbrühe oder Fleischextrakt unter Benutzung geeigneter Gewürzkräuter zubereitet werden.

Wurst ist infolge ihres hohen Fettgehaltes bei Entfettungskuren nicht zu gebrauchen. Die Magerkäse sind kalorienarm, rufen aber ein starkes Sättigungsgefühl hervor. Von Hülsenfrüchten sind die Mehle und die getrockneten Samen nicht geeignet: sie besitzen ziemlich hohen Nährwert, und ihr geringes Volumen trägt trotzdem sehr wenig zur Erreichung von Sättigungsgefühl bei. Schokolade und Kakao kommen ihres Nährwertes wegen als regelmäßiges Frühstückgetränk nicht in Betracht. Dagegen kann sich entfetteter Kakao, mit Wasser zubereitet, für Zwischenmahlzeiten geeignet erweisen. Kakao ruft rasch ein hier willkommenes Sättigungsgefühl hervor. Alkohol (Wein) kommt bei starken Entfettungskuren nur als anregendes Mittel in Ausnahmefällen in Betracht.

Einige wertvolle Winke für die Küche bei Fettleibigen gibt Strauß. Das Fleisch soll im Dampf oder am Rost gar gemacht werden. Die sehr mageren Braten werden mit nur sehr wenig Fettzusatz gebraten. Die Gemüse werden ohne Fettzusatz in kräftiger Fleischbrühe gekocht. Die Salate werden ohne Öl, nur mit Zitronensaft und Salz bereitet. Werden hartgekochte Eier gegeben, so wird das fettreichere Eigelb oft weggelassen. Gelees werden von Zitronensaft, Wasser, Gelatine und Sacharin hergestellt, unter Umständen auch von sauren Äpfeln und Rhabarberstielen. Die Suppen, die aus Fleischbrühen bestehen, sowie die Saucen werden mit ausgekochtem, magerem Rindfleisch, das fein gehackt wird, bündig gemacht. Für geröstete Kalbskotelletten und geröstete oder gekochte Hühner lassen sich außerdem noch schmackhafte Saucen aus Tomaten herstellen. Süße Speisen werden von Apfelsinensaft, Zitronensaft, Äpfeln, Rhabarber und Eierschnee hergestellt und mit Sacharin versüßt.

Die Zubereitung der Speisen ist ganz außerordentlich wichtig. Sie muß dafür Sorge tragen, daß dem Kranken das Essen nicht verleidet und zum Ekel wird. Die Durchführbarkeit und Dauer einer Entfettungskur hängt wesentlich von der Art der Speisenzubereitung in der Küche ab. Liebe zur Sache und Eingehen auf die Individualität des Kranken wird oftmals die ärztlichen Anordnungen erst zur praktischen Wirksamkeit gelangen lassen.

Besondere Diätkuren zur Entfettung.

Milchkur.

Die Milchkur zu Entfettungszwecken, die schon früher geübt wurde, kam durch die Empfehlung von Moritz zu weiterer Verbreitung. Nach seiner Vorschrift werden täglich sovielmal 25 ccm Milch gegeben, als der Zentimeterüberschuß der Körperlänge über 1 m beträgt, also bei einer Körperlänge von 175 cm eine Milchmenge von 75 . 25 ccm = 1875 ccm Milch, was rund 1200 Kalorien entspricht. Diese Menge wird in einzelnen Portionen über den ganzen Tag verteilt. Die Kur ist leicht durchzuführen, weil sie keine besonderen Anordnungen und Kenntnisse erfordert. Der geringe Kochsalzgehalt der Milch hat zur Folge, daß wenig Salz und damit wenig Wasser im Körper zurückbehalten wird. Zu Beginn der Kur tritt ein starker Gewichtsverlust auf, der mit dieser Entwässerung des Körpers in Zusammenhang zu bringen ist. Der Eiweißgehalt dieser Milchkost reicht indes nicht aus, um den Eiweißbestand des Körpers zu erhalten. Längere Durchführung der Milchkur ist daher nicht ratsam; viele Patienten fühlen sich so schwach und erschöpft, daß sie das Bett aufsuchen müssen. Das wird auch von vielen Ärzten für notwendig gehalten, während die Einführer der Milchkur an eine Durchführung der gewöhnlichen Beschäfigung glaubten. Die unangenehmen Erscheinungen lassen sich vielfach beseitigen, wenn Kohlehydrate (im Tag etwa 250 g Kartoffeln) zugefügt werden. Der Milch fehlen auch noch andere Stoffe, die für den Körper nötig sind, z. B. Eisen, so daß lange Durchführung reiner Milchkost nicht ratsam erscheint. v. Noorden weist darauf hin, daß die Milchkur für den Fettleibigen gar keinen erzieherischen Wert besitzt: das Einschulen in künftige Lebensweise hat ihr erst zu folgen, und damit geht viel Zeit für diese wichtige Aufgabe verloren.

Wenn also auch eine reine Milchkur nicht empfehlenswert ist, so kann doch eine mehrtägige Milchkost unter bestimmten Verhältnissen angebracht sein, so am Anfang einer Entfettungskur, um gleich einen sichtbaren aufmunternden Erfolg zu erzielen, weiter bei bettlägerigen Kranken mit Kreislaufstörungen. Gut ist es, in die sonstige Entfettungskur II. oder III. Stufe einmal in der Woche einen reinen Milchtag einzuschieben. Der gleiche Zweck wird allerdings auch mit Obsttagen erreicht. Milch ist nicht jedermanns Sache, und so werden die Obsttage von vielen Patienten den Milchtagen vorgezogen.

Vegetarische Kuren.

Den vegetarischen Kuren kommt im Auge vieler Menschen von vornherein eine gesundheitbringende Wirkung zu. Die grundsätzliche Umstellung der sonstigen Ernährung soll den kranken oder angegriffenen Körper rasch ins gesunde Geleise umstimmen. In der Tat kann von vegetarischer Kost bei Entfettungskuren gut Gebrauch gemacht werden. Die Vegetabilien spielen infolge ihres großen, Sättigungsgefühl verleihenden Volumens bei verhältnismäßig kleinem Kaloriengehalt ja schon in den aufgestellten Entfettungsschemen eine bedeutende Rolle. Dazu kommt, daß die zellulosehaltigen Vegetabilien im Darm nicht ganz aufgeschlossen, daher auch nicht vollkommen zur Ernährung verwertet werden können; der gefüllte, gesättigte Magen ist daher gewissermaßen einem — hier willkommenen — Betrug zum Opfer gefallen. Die Darmtätigkeit wird in erwünschter Weise gefördert. Es ist leicht, etwaigen Eiweißmangel in der kohlehydratreichen Kost durch Verabreichung eines Eiweißpräparates in der erforderlichen Weise auszugleichen.

Das tut beispielsweise v. Noorden, indem er der Kost täglich 30 g Glidine (pflanzliches Eiweiß) zugelegt. Sie werden auf die Mahlzeiten des Tages verteilt. Die milde Form der vegetarischen Entfettungskur sieht dann folgendermaßen aus:

Morgens: Tee mit Zitronensaft oder schwarzer Kaffee oder koffeinfreier Kaffee nach Wunsch mit Sacharin. Schrotbrot mit ein wenig Butter oder vegetabilem Buttersatz — Obst.

Mittags: Gemüsesuppe — Gericht aus Hülsenfrüchten — Kartoffeln. Verschiedene Gemüse und Salate — Brot — Obst.

Abends: Kartoffeln — Gemüse und Salate — Brot mit etwas Butter oder vegetabilischem Butterersatz — Obst.

Mit der Glidine entspricht das dann ungefähr 1800 Kalorien, wobei natürlich ein größerer Fettzusatz zum Gemüse die Kalorienzahl in die Höhe treiben würde. Als Getränk dienen Tee, Mineralwässer, Wasser mit Zitronensaft.

Durch geeignete Kosteinschränkung lassen sich auch noch kalorienärmere vegetarische Entfettungskuren zur Durchführung bringen. Damit wurden aber vielfach schlechte Erfahrungen gemacht; es trat eine starke und anhaltende Entkräftung der Patienten auf. Gerade hier ist ein Punkt, wo einem „System" zuliebe nicht selten das Wohl des Patienten geopfert wird. Naturheilkundige machen vom reinen oder vom Lakto-Vegetarismus (mit Milch und Ei) einen häufig unbeschränkten Gebrauch. Der Arzt sollte jedenfalls so einseitige Bewegungen nur insofern mitmachen, als dem einzelnen Patienten Vorteil gebracht wird, aber niemals einem fanatisch aufgestellten Prinzip zuliebe. Durchdenkung aller Folgen grundsätzlichen Vorgehens ist gerade das Unterscheidende zwischen kritikloser Begeisterung und überlegener Kritikfähigkeit.

Kartoffelkur.

Für die Menschen, die das Dickwerden allein oder hauptsächlich dem Genuß von Kartoffeln zuschreiben, ist es ein unfaßbarer Gedanke, daß Kartoffeln zu Entfettungskuren benützt werden können. Es ist das aber der beste Beweis dafür, daß nicht ein bestimmtes Nahrungsmittel an der Überernährung schuld ist, sondern nur sein unrichtiger, übermäßiger Gebrauch. Wo Kartoffeln allein oder vorwiegend genossen werden, besteht eine Hungerkost. Wo sie als wohlschmeckender, aber kalorienmäßig überschüssiger Zusatz zu kräftiger, fettreicher Ernährung genommen werden, wirkt jede Kartoffel als neuer Fettbildner.

Die von Rosenfeld eingeführte Kartoffelkur zur Entfettung enthält nicht nur Kartoffeln, sondern auch andere, namentlich Eiweiß liefernde Bestandteile. Die Tagesmenge der Kartoffeln beträgt 800—1200 g; ihre Zubereitung kann verschieden erfolgen, muß aber ohne Fettzusatz geschehen. Dazu kommen noch 200 g mageres Fleisch, etwas Käse, Kaffee, Tee und fettfreie Fleischbrühe. Ein Teil der Kartoffeln kann durch Obst ersetzt werden. Der Kaloriengehalt dieser Ernährungsform beträgt rund 1200 Kalorien. Wegen ihrer allzu großen Gleichförmigkeit kann sich diese Kur nicht recht durchsetzen, wenn auch ihre theoretischen Grundlagen für die Durchführung längerer Entfettungskuren geeignet wären.

Entlastungstage und Obstkuren.

Es kann vorkommen, daß eine Entfettungskur nach anfänglichen Erfolgen nicht mehr weiterführt, trotzdem die richtige Kost aufgestellt ist und eingehalten wird. In solchen Fällen ist es zweckmäßig, einzelne Tage mit größerer Nahrungsbeschränkung in den gewohnten Kostplan einzuschieben

(Entlastungstage, Karenztage, Hungertage). Es handelt sich nicht um einen vollkommenen Fasttag, wohl aber um eine starke Verkürzung der ohnehin reduzierten Nahrungsmenge. Die kurze weitgehende Nahrungsbeschränkung wird leichter ertragen, weil der Patient weiß, daß sie am nächsten Tage schon überwunden ist, und der Erfolg solcher Entlastungstage ist oft ausgezeichnet. Sie helfen wirksam, einen toten Punkt in der Gewichtsabnahme zu überwinden. Bei der III. Stufe der Entfettungsdiät sind eigene Entlastungstage im allgemeinen nicht angezeigt, außer bei bestimmten Gründen (Ödeme). Dagegen leisten sie Gutes bei der Entfettungskost II. Stufe, und auch bei jener I. Stufe bedeutet ihre Einschaltung ohne übermäßige Belastung ein anerkennenswertes Hilfsmittel.

Ein Tag, an dem nur 500—600 Kalorien zugeführt werden, gleicht die Fehler und Sünden an den übrigen sechs Wochentagen wieder aus. Allerdings dürfen die Patienten nicht der Ansicht sein, es sei ihnen erlaubt, ihre Kostordnung nach Belieben zu überschreiten, wenn sie nur den einen Karenztag in der Woche einhielten, der schon alles wieder ins gleiche bringe. Davon kann keine Rede sein, die angestrebte Stetigkeit der Entfettungskur wäre dadurch aufgehoben. Die vorgeschriebene Kost muß jedenfalls gewissenhaft eingehalten werden. Bei der Entfettungskur I. Stufe, deren Vorschriften nicht so ins einzelne gehen und die das Wohlgefühl des Schlankheitsuchenden äußerst berücksichtigt, werden ohnehin genug Diätfehler unterlaufen, die eine Gewichtsabnahme verzögern. Der Entlastungstag soll den Erfolg deutlicher machen. Viele Menschen ziehen es auch vor, lieber an einem Tag in der Woche etwas Hungergefühl zu haben, und dafür an den anderen Tagen kleine Zulagen (Brot, Kartoffel, Ei, Käse) zu erhalten, als jeden Tag die gleichmäßig reduzierte Nahrungsmenge vorgesetzt zu bekommen.

Ein Entlastungstag ist durchschnittlich von 500—1200 g Gewichtsverlust gefolgt. Ein Teil davon ist auf Wasserverlust zu beziehen, namentlich wenn die Kost an den Entlastungstagen kochsalzarm gehalten worden ist.

Die Kost an den Entlastungstagen kann verschieden gestaltet werden. Boas gibt Tee mit Sacharin, 100 g Grahambrot, einen Teller fettfreier Fleischbrühe, das Weiße von 2—3 Eiern, einige sauere Äpfel, insgesamt rund 420 Kalorien. Römheld empfiehlt zwei Milchtage in der Woche: 1 l Milch und 200—250 g Obst. Brugsch empfiehlt zwei Gemüsetage in der Woche: Tee, Spinat, Spargel, Pilze, alles ohne Fett, Fruchtsuppe, mit Sacharin gesüßtes Kompott, wenig Kartoffeln.

Sehr bewährt haben sich v. Noordens Obsttage, ein- oder zweimal in der Woche. Es werden 1000—1200 g Obst gegeben, außerdem noch Tee und Kaffee (ohne Milch, nach Wunsch mit Sacharin gesüßt) und ungesalzene fettfreie Fleischbrühe. Ein Obsttag in der Woche wird in der Regel auch von berufstätigen Männern gut durchgehalten. Bei unangenehmem Schwächegefühl werden abends noch 1—2 Eier gegeben. Es ist zweckmäßig, um die Eßlust nicht unnötig anzuregen, an einem Tag nur eine einzige Obstsorte zu verabreichen. Mittags und abends kann das Obst durch kalorienarme

Tomaten, Gurken, Kopfsalat, Endiviensalat, Sauerkraut und ähnliche ohne Fett und Salz zubereitete Stoffe ersetzt werden.

Ein solcher Obsttag kann sein: ein Bananentag mit 12 mittelgroßen Bananen, Kalorienwert = 660.

Oder ein Äpfeltag: 1000—1200 g Äpfel, Kalorienwert 500—600.

Erdbeertag: 1200—1500 g Erdbeeren, Kalorienwert 500—600.

Wassermelonentag: 1500—2000 g Wassermelone, Kalorienwert 420—600.

Erdbeeren-Gurken-Tomatentag: Erdbeeren 800 g, Tomaten 200 g, Gurken 200 g, Kalorienwert 400.

Äpfel-Tomaten-Sauerkrauttag: Äpfel 800 g, Tomaten 300 g, Sauerkraut 400 g, Kalorienwert 520.

Kartoffel-Obsttag: Kartoffel 600 g, Butter 15 g, Äpfel 400 g, Gurke 200 g mit etwas Essig, Tomaten 100 g, rund 870 Kalorien.

Als Getränk dienen Tee, Kaffee, ohne Milch und Zucker, Fleischbrühe ohne Fett und Salz, Zitronensaft mit Wasser.

Als Kuriosum erwähnt v. Noorden einen Patienten, der 6 Monate hindurch wöchentlich zweimal folgende Kost nahm: morgens leerer Tee und zwei Äpfel (150 Kalorien); mittags und abends je 3 Dutzend Austern (6 Dutzend rund 205 Kalorien) und eine Tasse starker Fleischbrühe oder Schildkrötensuppe, fettfrei; vor dem Schlafen 500 ccm Wasser mit Zitronensaft. An den übrigen 5 Wochentagen legte er sich keine Beschränkung der Nahrung auf. Er verlor in den 6 Monaten 11 kg, fühlte sich dabei außerordentlich wohl und versicherte, daß dies die angenehmste und erfolgreichste unter den vielen Entfettungskuren, die er schon mitgemacht, gewesen sei. Über den Geschmack läßt sich bekanntlich nicht streiten. Es gibt zahlreiche Menschen, die lieber Hungers sterben würden als lediglich mit Austern sich zu ernähren. Aber wessen Geschmack es entspricht, der wird damit zufrieden sein. Und jedenfalls ist das das eindeutigste Beispiel dafür, daß eine Entfettungskur niemals schematisch gehandhabt werden darf, sondern der Geschmacksrichtung und den Wünschen des Patienten nach Möglichkeit anzupassen ist.

Traubenkuren bei Fettleibigkeit müssen die Trauben als Hauptnahrungsmittel enthalten, nicht als Nahrungsergänzung, wie das zuweilen geübt wird und die entgegengesetzte Wirkung erzielt. Mit täglich $1^1/_2$ kg Weintrauben, 300 g magerem Fleisch, ölfreiem Salat, Radieschen und ähnlichen kalorienarmen Ergänzungsnahrungsmitteln lassen sich Erfolge erzielen. Immerhin sind reife Weintrauben durch ihren hohen Zuckergehalt sehr nährkräftig. Von Äpfeln, Birnen, Erdbeeren usw. können bedenkenlos größere Mengen genossen werden, was sie bei Menschen, bei denen Sättigung schwerer zu erzielen ist, vorziehen läßt.

Als Volksmittel bei Entfettungskuren sind Zitronenkuren beliebt. Es ist nicht einzusehen, wie dabei ein Erfolg möglich sein soll, wenn nicht gleichzeitig die Nahrungsmenge vermindert wird. Man hört die Erfolge des Genusses von Zitronen oder Zitronensaft oft rühmen; geht man aber der Sache nach, so ist von dem Erfolg nichts zu ersehen. Es wird dann angegeben, daß mit Aufhören der Kur sich das Gewicht alsbald wieder auf den Ursprungsstand erhöht habe. Das ließe sich sich vielleicht so deuten, daß die Zitronenkur eine erhöhte Nierentätigkeit, Harnentleerung und damit vorübergehende Wasserverarmung des Körpers zur Folge hatte; der Wasserverlust hat sich natürlich bald wieder ausgeglichen. Ein anderes Gesicht gewinnt die Kur natürlich dann, wenn gleichzeitig Nahrungseinschränkungen mit ihr verbunden sind. Zusatz von Zitronen oder Zitronensaft zur gewöhnlichen Nahrung und unter sonst gleichen Lebensbedingungen ist jedenfalls nicht imstande, das Körperfett zum Abbau zu bringen und damit eine nachhaltige Entfettung herbeizuführen.

Durstkuren.

Über den Flüssigkeitsentzug bei der Behandlung des gewöhnlichen Dickwerdens wurde schon ausführlich gesprochen (vgl. S. 92). Während er dort abzulehnen ist, kann er bei hochgradiger Fettleibigkeit zur Unterstützung anderer Entfettungskuren verwandt werden. Oertel und Schweninger haben den Flüssigkeitsentzug bei Entfettung eine Zeitlang sehr populär gemacht. Örtel hat den Flüssigkeitsentzug vor allem bei Herz- und Kreislaufstörungen angewandt, und er ist bei Fettleibigen, deren Herzkraft geschont werden soll, erfahrungsgemäß von günstiger Wirkung. Der Appetit wird bei Wasserentzug herabgesetzt, das heftige, lästige Schwitzen vermindert. Der Wasserverlust des Gewebes erhöht die Beweglichkeit des Patienten. Am Anfang einer Entfettungskur kann also die Flüssigkeitseinschränkung von Vorteil sein, länger wird man sie auch bei strengen Diätkuren nicht fortsetzen, es sei denn, daß Rücksicht auf die Leistungsfähigkeit des Herzens und der Gefäße das wünschenswert erscheinen lassen.

Andere Kuren.

In früheren Zeiten spielte die Banting-Harveysche Kur eine wichtige Rolle. Sie gibt viel Eiweiß (172 g), aber außerordentlich wenig Fett, auch wenig Kohlehydrate. 172 g Eiweiß ist aber mehr als zur Deckung des Körpereiweißes notwendig ist, und es ist für den Patienten viel angenehmer, den hier enthaltenen Kalorienüberschuß in Form von Kohlehydraten oder Fett zu erhalten.

Die Ebsteinkur gibt umgekehrt viel Fett und wenig Eiweiß und Kohlehydrate. Der Eiweißgehalt ist aber zu gering (102 g), und dem Sättigungsgefühl wird mehr gedient, wenn möglichst viel stickstofffreie Nahrungsmittel in Form von Kohlehydraten gegeben werden. Es ist nötig, diese Kuren zu erwähnen, weil sie noch mancherorts durchgeführt werden. Im allgemeinen sind sie aber jetzt verlassen.

Von Fletcher war eine „neue", intensive Art des Kauens beschrieben worden, die eine Zeitlang dank starker Propaganda zur Modetätigkeit vieler Menschen wurde. Aus verschiedenen Gründen soll ein Bissen im Munde möglichst zerkaut und zerkleinert werden. Als Hauptregel gilt ihm: „zu warten, bis man sich seinen Appetit verdient hat. „Dann aber „kaue", „knete", „beiße" und „schmecke" alles was du in den Mund nimmst nicht nur so lange bis es breiig oder flüssig geworden ist und durch den Mundspeichel alkalisiert oder neutralisiert worden ist, sondern bis die so veränderte Speise sich in den Gaumenfalten festgesetzt hat, dort einen Schluckreflex auslöst und dadurch in den Magen gelangt. Dann wirst du diejenige Speise, die den Schluckreflex ausgelöst hat, verschlucken, während der Rückstand einer erneuten Mundbehandlung unterzogen wird, bis auch er in derselben Weise verschwindet". Fletcher kam zu dem Ergebnis, daß 30 Bissen, die ungefähr 2500 Kauakte oder andere Mundbewegungen innerhalb von 30—35 Minuten benötigten, den Appetit vollkommen befriedigten. Richtig ist am „Fletchern" jedenfalls das, daß nicht nur dem Zuschauer, sondern auch dem, der es ausübt, der Appetit vergeht. Das unaufhörliche Kauen eines und desselben Bissens läßt es mit wenig Nahrungsmitteln zu einem ausreichenden Sättigungsgefühl kommen. Ein Hinunterschlingen großer Nahrungsmengen, um nur möglichst rasch den ersten Hunger zu stillen, kommt nicht vor. Immerhin handelt es sich hier um ein Vorgehen, das, nachdem es nicht mehr Mode ist, nur von wenigen Menschen konsequent durchgeführt werden dürfte.

Wird eine strenge Entfettungskur (1000—1200 Kalorien) 4—5 Wochen lang durchgeführt, so lassen sich innerhalb dieser Zeit Gewichtsverluste von 10—12 kg erreichen. Ein großer Teil davon, vielleicht 65—75%, ist auf Wasserverlust zurückzuführen. Im weiteren Verlauf geht infolgedessen die Gewichtsabnahme langsamer vor sich. Langsame stetige Gewichtsabnahme bei gutem Allgemeinbefinden zeigt die Richtigkeit des eingeschlagenen Weges an. Die Wage gibt den Hinweis, ob weiter Kalorien zu streichen sind oder ob nach Erreichung eines bestimmten Gewichtes Zulagen zur Nahrung möglich sind.

11. Aktive und passive Bewegungen.

Auch bei den strengen Entfettungskuren muß Muskelarbeit zur Unterstützung der Kosteinschränkung dienen, schon deshalb, um die Einschränkung der Ernährung in möglichst erträglichen Grenzen halten zu können. Der arbeitende Muskel setzt außerdem Eiweiß an, bzw. hält es fest, während gleichzeitig das Fett schwindet: der trainierende Sportsmann wird mager, aber seine Muskeln werden kräftiger und umfangreicher.

Die Grundzüge der anzuwendenden Muskelarbeit sind schon im Abschnitt „Leibesübungen" (S. 97) besprochen worden. Liebhaberei und äußere Umstände werden die Art der Muskelarbeit oft entscheidend beeinflussen. Was gemacht werden soll und darf, hat hier meistens der Arzt zu entscheiden, namentlich zu Beginn einer Entfettungskur. Die Leistungsfähigkeit des nicht immer voll widerstandsfähigen Körpers ist zu berücksichtigen. Wichtig ist namentlich auch langsames Ausführen der körperlichen Tätigkeit. Eine bestimmte Zeit zur Ausführung einer Übung, etwa einer Bergbesteigung, darf anfangs nicht vorgeschrieben sein. Je müheloser sie verläuft, um so besser ist es, und das wird meist zuerst in langsamer Ausführung zu erreichen sein. Erst allmählich läßt sich mit steigender Leistungsfähigkeit eine bestimmte Zeit zur Ausführung einer Übung vorschreiben, bzw. allmählich verkürzen.

Die körperlichen Ausgaben durch Muskeltätigkeit konnten in geeigneten Versuchen zahlenmäßig exakt festgelegt werden. Bei Kestner und Knipping finden sich Zusammenstellungen der gefundenen Zahlenwerte. Es werden für eine Stunde Arbeit über den Grundumsatz hinaus gebraucht:

Geistige Arbeit	7—8	Kalorien
Schreiben	20	„
Maschinenschreiben	16—40	„
Hausnähen	25—30	„
Berufsmäßiges Nähen	31—88	„
Zeichnen (stehend, Lithograph)	40—50	„
Buchbinden (Frau, leichte Arbeit)	43—71	„
Buchbinden (Mann, teils schwerer)	90	„
Schuhmacherarbeit	80—115	„
Anstreicher	160	„
Schreinerarbeit	137, 176	„
Steinhauerarbeit	300—330	„
Holzsägearbeit	390—430	„
Häusliche Arbeit (Fegen, Staubwischen, Putzen)	87—174	„
Waschen (ungelernt)	130	„
Waschen (berufsmäßig)	230	„
Gehen	130—200	„
Radfahren	180—300	„

Weitere Zahlen finden sich für die sportliche Betätigung. Für eine Stunde Gehen oder sportlicher Betätigung werden über den Grundumsatz hinaus verbraucht:

Gehen	130—200	Kalorien
Marschieren (mit Gepäck)	200—400	„
Radfahren	180—300	„
Radfahren bei Gegenwind usw.	600	„
Schwimmen	200—700	„
Rudern	120—600	„
Skilaufen (eben, Schweden)	500—960	„
Schlittschuhlaufen (schnell)	300—700	„
Laufen	500—930	„
Steigen	200—960	„
Ringen	980	„
Florettfechten	530	„
Säbelfechten	585	„
Stehen (straff)	20—30	„

Von Einzelbestimmungen sind folgende von Interesse:

1 km Gehen, ebener Weg	48—50	Kalorien
1 km Gehen, eben, Schnee	50—60	„
1 km Gehen, eben, Gletscher, Höhe	57—66	„
100 m Steigung, Weg	100	„
100 m Steigung, Schnee	140	„
100 m bergab	23	„
1 km bergab	63	„

3 Aufzüge am Reck	10	Kalorien	
3 Kippen am Barren	14	„	
Handstand	10	„	in der Minute
Beugehang	8—9	„	in der Minute
Anderes Turnen, Muskelspannung	3—7	„	in der Minute

Für einige häufige Bewegungen wurde gefunden:

1 Stunde Radfahren.

9 km	180	Kalorien
13 km	320	„
21 km	550	„
15 km Gegenwind	600	„
Schwimmen	bis 815	„

1 Stunde Marsch ohne Gepäck.

4,2 km	150	Kalorien
6,0 km	240	„
7,2 km	360	„
8,4 km	700	„

Aus diesen Zahlenangaben läßt sich der tägliche ungefähre Kalorienverbrauch durch körperliche Leistung errechnen. Zuntz hat den Fettverbrauch bei verschiedenen Körperleistungen direkt berechnet. Es betrug danach der Fettverbrauch für einen Mann von 70 kg Körpergewicht bei einer Stunde Arbeit:

bis 3,6 km Marschleistung, horizontal	16 g
bis 6,0 km Marschleistung, horizontal	30 g
bis 8,4 km Marschleistung, horizontal	70 g
Ersteigung von 300 m Höhe, bequemer Weg	169 g
Ersteigung von 300 m Höhe, steiler Weg, 32—68% Steigung	280 g
3 km Weg bei 10% Steigung	376 g
9 km Radfahren, horizontal	231 g
22 km Radfahren, horizontal	722 g
9 km Radfahren, horizontal, bei 3% Steigung	384 g

In gleicher Weise ließe sich der Fettverbrauch bei anderen Tätigkeiten errechnen.

Am häufigsten werden häusliche gymnastische Übungen und Turnbewegungen zur Anwendung gelangen, weil sie ohne weitere äußere Vorbereitungen durchzuführen sind. Ihr Nutzen ist allerdings nicht allzu groß, da sie für Entfettungswirkung meistens zu kurzdauernd sind. Zur Erhaltung der allgemeinen Gelenkigkeit des Körpers, zur günstigen Beeinflussung von Gefäß- und Nervensystem sind sie dagegen hoch einzuschätzen.

Methodisches Gehen und Steigen sind bei Fettleibigen die geeignetste Art der Steigerung des Stoffverbrauches. Sie lassen sich nach Entfernungen, nach dem Grad der Steigung zu einer Höhe, außerordentlich fein abstufen und den Bedürfnissen des Körpers ohne jede Schädigung anpassen, schließlich in der zeitlichen Verlängerung allmählich anspruchsvoller gestalten.

In den Kurorten ist auf bequeme und langsam ansteigende Wege, wie sie zur methodischen Übung des Herzens gebraucht werden, Wert gelegt. Grade der Steigung sind abgestuft, die Länge der Wege vom Ausgangspunkt und wieder zurück genau bekannt, so daß sich hier mit exakten Zahlenwerten rechnen läßt. Aber auch wo dieses fein ausgebaute Wegsystem nicht zur Verfügung steht, läßt sich ein bestgeeigneter Weg in der Regel leicht ausfindig machen. Während des Gehens und Steigens muß immer tief- ein- und ausgeatmet werden. Denn je intensiver die Lunge mitarbeitet, um so entschiedener wird das Herz entlastet. Der Fettleibige wird mit einer Viertel- oder halben Stunde Gehübung beginnen. Die Kontrolle von Puls und Atmung nach der Übung zeigt, ob dem Organismus zuviel zugemutet wurde. Ist das nicht der Fall, kehrt insbesondere der Puls rasch wieder zu den normalen Durchschnittszahlen zurück, so läßt sich durch wiederholte Zulage einer weiteren Viertelstunde Gehen die Arbeitsleistung allmählich steigern. Manche Menschen sind an den Schlaf oder die Ruhe nach dem Mittagessen so gewöhnt, daß es für sie eine nervöse Schädigung bedeutet, auf ihn verzichten zu müssen. Für den Fettleibigen ist es aber in vielen Fällen gut, auf den Mittagsschlaf zu verzichten, und statt dessen einen kleinen Spaziergang zu machen. Äußerst zweckmäßig ist für den Fettleibigen die Kontrolle seiner Gehübungen an der Hand eines Schrittzählers, eines kleinen, in der Tasche getragenen Apparates. Wer eine Kur unternimmt, möchte gern seine Tätigkeit im einzelnen verfolgen können. Er gewinnt dadurch moralische Beruhigung und auch Interesse an einer Angelegenheit, die ihm anfänglich vielleicht langweilig vorkam. Die Tätigkeit des Gehens läßt sich an Stelle von Zeit oder Entfernung auch in Form der zu gehenden Schritte ausdrücken, und so ist dem Patienten leicht eine ständige Kontrolle möglich.

Radfahren ist ein Sport, der bei höheren Graden von Fettleibigkeit nur anzuwenden ist, wenn das Herz vollkommen in Ordnung ist. Die Anstrengung beim Radfahren betrifft im wesentlichen einseitig die Muskeln der unteren Körperhälfte; die gebeugte Haltung, wobei die nach vorn gestreckten Arme den Brustkorb einengen und die Atmung behindern, läßt die Lungen nicht frei arbeiten, und belastet dadurch das Herz, was sehr unerwünscht ist. Plötzliche, auch kurzdauernde Steigungen richten an das Herz unvermutete Anstrengungen, die leicht zu Überanstrengungen werden. Während Radfahren also für das gewöhnliche Schlankerwerdenwollen eine willkommene Unterstützung bedeuten kann, ist es als Unterstützung von Entfettungskuren im allgemeinen nicht angezeigt.

Schwimmen und Rudern sind sehr geeignet, zumal sie von verständigen Patienten genau abgemessen werden können, an der Zahl der Schwimmbewegungen, an der Zahl der Ruderschläge. Namentlich anfangs kommen nur kurzdauernde Übungen in Betracht. Die beiden Übungen lassen, wenn sie sachgemäß ausgeführt werden, die Lungen zur vollen Entfaltung kommen und schonen infolgedessen das Herz. Wo eine Ausübung des Ruderns im Freien, auf dem Wasser nicht möglich ist, geben die Zimmer-Ruderapparate eine Ersatzmöglichkeit. Auch sonst lassen sich verschiedene Übungen an geeigneten Zimmerapparaten ausführen, wie sie beispielsweise von Zander hergestellt sind und in vielen Städten in eigenen Instituten zur Anwendung kommen.

Es ist ein bekannter Spruch: wenn ein Fettleibiger reitet, wird das Pferd eher mager als der Reiter. Trotz dieser nicht ganz unberechtigten Bosheit kann das Reiten Fettleibigen zur Unterstützung sonstiger körperlicher Tätigkeit empfohlen werden. Nicht sehr zweckmäßig ist dagegen das Reiten auf dem „elektrischen Kamel", ein Apparat, wie er z. B. auch auf großen Schiffen den Reisenden zur Verhütung von Dickwerden zur Verfügung steht. Es handelt sich dabei um elektrische Ausführung von Schüttelbewegungen, die zwar den „Reiter" etwas durcheinanderschütteln, daher seelischen Eindruck machen, aber seinen Fettbestand wenig vermindern. Eine große Enttäuschung würde ein solcher elektrischer Kamelreiter erleben, wenn er meinte, er dürfe im Hinblick auf seine morgendliche Schüttelstunde sich in dem Gebrauch der guten Schiffskost keine Einschränkung auferlegen. Sicher gewichtsvermindernd wirkt in solchen Fällen dagegen eine ordentliche Seekrankheit.

Bei schonungsbedürftigen Fettleibigen sind Spiele im Freien, wie Tennis, Fußball, Golf usw., die beim gewöhnlichen Dickwerden so vorzüglich wirken, nicht angebracht. Die notwendige Anstrengung läßt sich hier nicht berechnen, die Eigenheiten des Spieles reißen über das Zuträgliche hinaus fort und die sicher erfolgende Überanstrengung bringt Schädigung des Herzens mit sich. Das soll aber gerade vermieden werden. Überhaupt kommen Spiele und Sportarten, bei denen der körperliche Ehrgeiz eine vorherrschende Rolle spielt, also Wettspiele, nicht in Betracht. Das Seelische läßt hier das Körperliche vergessen, und das macht sich später als Schädigung bemerkbar. Wer das Nützliche mit dem Gesundheitsförderlichen verknüpfen will und eine Tätigkeit vollbringt, bei der ein sichtbarer Tätigkeitserfolg zu erblicken ist, wird im Holzsägen ein willkommenes Feld für seine Tüchtigkeit erkennen. Auch dabei darf es sich nicht um eine bestimmte Menge handeln, die in vorgeschriebener Zeit zu sägen ist, sondern in langsamer, strapazenloser Steigerung der körperlichen Anforderungen.

Aus einer Äußerung des Hippokrates spricht Verständnis für die Notwendigkeiten bei den Entfettungskuren, wie es auch durch die neuesten Erfahrungen der Ernährungsphysiologie nicht besser begründet sein könnte. „Bei denen, welche Leibesübungen vornehmen, ist hochgradige Wohlbeleibtheit bedenklich, wenn sie zum Äußersten gekommen ist, denn sie kann nicht in demselben Zustande verharren, noch ruhen. Da sie aber nicht in Ruhe verharrt, kann sie auch nicht zum Besseren fortschreiten, folglich bleibt nur übrig, daß sie zum Schlimmeren fortschreite. Deshalb ist es von Nutzen, die Wohlbeleibtheit zu beseitigen, und zwar nicht zu langsam, damit der Körper wieder zu dem Beginne der Ernährung zurückkehre; auch darf man die Entfettung nicht zum Äußersten treiben, denn das ist gefährlich, sondern nur soweit, als es die natürliche Beschaffenheit desjenigen, der es zu ertragen hat, erlaubt, darf man es treiben."

Begleitende Krankheiten können unter Umständen Verstärkung der körperlichen Bewegung untunlich erscheinen lassen. Die Kranken werden im Gegenteil zu Beginn der Diät-Entfettungskur zuweilen im Bett gehalten, damit sie sich leichter an die oft bedeutende Umstellung ihrer Ernährungsweise gewöhnen und etwaige Schwächeempfindungen leichter überwinden können. Wenn sie dann später aufstehen, sind die möglichen Unannehmlichkeiten der ersten Zeit schon vorbei.

Von passiven Bewegungen ist die Massage ein sehr verbreitetes Mittel zur Entfettung. Ihre Einwirkung wird vielfach bedeutend überschätzt. Die Massage ist nicht imstande, stärkeren Energieumsatz und damit eventuell Fettverbrauch zu erzielen. Jedenfalls zeugt es von vollkommener Ahnungslosigkeit, wenn jemand glaubt, durch Massage allein sein überschüssiges Fett wegbringen zu können. Neben den Hauptbestandteilen der Entfettungskur: richtiger Ernährung und Steigerung der aktiven Bewegung, kann der Massage nur eine unterstützende Einwirkung zugeschrieben werden. Der Blutkreislauf kann durch sie eine Anregung erfahren, Fettleibige, die körperliche Bewegung ganz verlernt haben, können durch vorausgehende Massage auf die selbsttätige Muskelbewegung vorbereitet werden.

Eine irrige Vorstellung ist es, man könne mit Hilfe der Massage das Fett an bestimmten Stellen zum Schwinden bringen. Die Fettansammlung in einzelnen Körpergegenden, am Bauch, an den Hüften, im Nacken, ist häufig wegen ihrer Sichtbarkeit besonders unbeliebt, und die Bestrebungen der Patienten gehen weniger auf eine allgemeine Entfettung und Gewichtsverminderung hinaus als auf die Fettentfernung an den genannten Stellen. Da soll die Massage helfen: sie soll mechanisch das Fett „mobilisieren" und der Verbrennung angreifbarer machen. Auch Saugapparate werden „nur 5 Minuten täglich!" an den zu entfettenden Stellen angebracht und sollen, wie es in den Prospekten heißt, „durch sanftes, aber durchdringendes Saugen eine natürliche Blutzirkulation in den fetten Partien bewirken; die rotierende Saugbehandlung löst das Fett und macht dessen Lösung dem Blute leichter, wodurch die Hinausbeförderung aus dem Körper leichter vonstatten geht." In Wirklichkeit kann von derartigen Dingen nicht die Rede sein. v. Noorden hat einmal bei einer fettleibigen Dame, um den Einfluß der örtlichen Massage auf die örtliche Fettanhäufung zu studieren, 6 Wochen lang täglich den einen der beiden fettreichen Arme nach allen Regeln der Kunst massieren lassen. Die Folge war, daß gerade dieser Arm (vielleicht infolge einer Muskelstärkung) um 1,5 cm an Umfang gewann, während der nicht massierte linke Arm den alten Umfang beibehielt. Weiter käme man bei der Beeinflussung örtlicher Fettanhäufung noch mit aktiver Muskeltätigkeit, die gerade an der gewünschten Stelle angreift, also bei Entfettung des Bauches mit Übungen, die die Bauchmuskulatur kräftigen.

Zur Erzeugung eines dauernden Druckes auf das Fettpolster werden zuweilen Gummikorsetts und Gummibandagen verwandt. Davon ist kein Entfettungserfolg zu erwarten. Verschiedentlich wird aber doch das Tragen einer straff ansitzenden Leibbinde empfohlen. Aus Gründen der Bequemlichkeit und zur Verhinderung der Weiterentwicklung eines Nabelbruches ist das sicher angezeigt. Von dem Druck auf das Fett hat man aber keinen unmittelbaren Erfolg zu erwarten, es sei denn der eine, daß bei allzuvielem Essen und zu rascher Magenfüllung von der jetzt engenden Binde ein mahnender Druck ausgeübt wird, der zum Einhalten veranlaßt.

Ein großer Apparat mit kleinem Erfolg ist die zuerst von Bergonié eingeführte Entfettungsmaschine. Ihr liegt ein elektrisches Verfahren zugrunde, bei dem die Muskeln passiv durch rasche elektrische Schläge zur Zusammenziehung gebracht werden. Glieder, die elektrisiert werden, bekommen Auflagen von schweren Sandsäcken, so daß die Muskeln gleichzeitig durch Hebung der Lasten Arbeit verrichten müssen. Roemheld nennt das Bergonisieren eine Form passiver Muskelarbeit, die als Ersatz für aktive körperliche Bewegung bei Entfettungskuren unterstützend mitwirken kann. Bergonisieren allein hat keine nennenswerte Gewichtsabnahme zur Folge. Bei manchen Fällen vergrößert das Bergonisieren die durch die Diätbeschränkung erzielte Gewichtsabnahme, bei anderen bleibt jeder Einfluß der elektrischen Behandlung aus. Die durch Bergonisieren und Anwendung ähnlicher Apparate erzielte Abnahme, die sich immer nur in mäßigen Grenzen hält, ist teils durch Wasserverarmung des Körpers (Schweiße), teils durch Fetteinschmelzung bedingt. Aktive Körperbewegung ist bei weitem erfolgreicher; wo sie zunächst nicht möglich ist, kann durch passive Muskelbewegung ein einstweiliger Ersatz geschaffen werden. Allerdings ist dabei auf den Allgemeinzustand, namentlich den Herzbefund, gebührend Rücksicht zu nehmen.

12. Warmwasseranwendung (Hydrotherapie). Trink- und Badekuren.

Wasseranwendung zu Entfettungskuren.

Die Wasserheilmethoden (Hydrotherapie) haben sich für Entfettungskuren einen großen Ruf erworben. Er besteht nur zum Teil mit Recht. Die Erfolge sind vor allem einem Wasserverlust des Körpers zuzuschreiben, nicht einem Fettverlust, daher zwar eindrucksvoll, aber nicht als Dauererfolge zu bewerten.

Kalte Bäder verbrauchen etwas mehr Stoff als warme. Rubner hat berechnet, daß die Mehrzersetzung bei einem kalten Bad von 15° C und ¼stündiger Dauer (was praktisch viel zu lang ist) 10,7 g Fett beträgt. Diese Menge erhöht sich durch Abkühlung und Nachwirkung auf 19,7 g. Ein Bad von 25° C, also immer noch nicht ein angenehm warmes Bad, ergibt bei einer Dauer von ¼ Stunde etwa die Hälfte dieses Wertes. Ein so geringer Betrag kommt ernstlich nur in Betracht, wenn er, wie beim Schwimmen, zu den Stoffverlusten durch Muskeltätigkeit hinzukommt. Salomon fand, daß in einem Tunnelglühlichtbad von 144 Minuten Dauer der überschüssige Fettverbrauch nur 3,5 g betrug, also eine praktisch kaum verwertbare Menge.

Trotzdem wird man die Hydrotherapie bei Entfettungskuren nicht vermissen wollen, schon wegen der allgemein anregenden Wirkung, die die Bäder auf Haut und Nervensystem, auf Herz und Gefäß ausüben. Maßnahmen, die zu Überhitzung und Schweißausbruch führen (Dampfbäder verschiedener Art, Heißluftbäder), verblüffen anfangs durch die rasche Gewichtsabnahme. Sie ist durch Wasserverlust hervorgerufen und ersetzt sich in Bälde wieder. Nachhaltigeren Erfolg haben die Abkühlungsmaßnahmen, wie sie bei hydrotherapeutischen Kuren den Überhitzungskuren folgen, zumal wenn sie gleichzeitig mit Muskelarbeit verbunden sind. Große Vorsicht ist mit Schwitzkuren am Platz, wenn Herz oder Gefäße irgendwie angegriffen sind.

Strasser gibt als Schema für eine hydrotherapeutische Kur in einer Anstalt folgende Reihenfolge an, die im einzelnen beliebig zu verändern ist. Morgens Halbbad 28—26—24°, 4—5 Minuten. Vormittags Dampf- oder Heißluft-(Licht-)-Kasten bei 50—55°, 15—20 Minuten, danach Abkühlung durch Dusche von 30 allmählich herunter auf 15—12° oder im Halbbade (25°, 6—8 Miunten). Zuletzt, als Abschluß der kombinierten Prozedur, bei kräftigen Leuten mit gutem Herzen eine Eintauchung in ein Vollbad von 12 bis 10°, 5—6 Sekunden.

Auch Moor- und Schlammbäder, sowie Kohlensäurebäder kommen bei Entfettungskuren zur Anwendung, ohne daß ihnen eine besondere entfettende Wirkung zuzuschreiben wäre. Für herzkranke Fettleibige können die Kohlensäurebäder von großer Bedeutung sein. Sie gestatten auch die Anwendung kühlerer Bäder, ohne daß ein unangenehmes Kältegefühl auftritt, was hier von Bedeutung ist. Die Kohlensäureperlen reizen die Hautnerven und erweitern die Hautgefäße, so daß sich der Kranke in einem weit wärmeren Bad zu befinden glaubt, als es tatsächlich der Fall ist.

Trink- und Badekuren.

Seit alten Zeiten werden Heilquellenkuren zur Behandlung der Fettsucht verwendet. Bei ihrer Beurteilung ist zu unterscheiden zwischen den unmittelbaren Folgen des Mineralwassergenusses auf den Fettbestand des Körpers und den sonstigen Einflüssen, die von dem kurgemäßen Leben in einem auf die Behandlung von Fettleibigen eingerichteten Kurort ausgehen.

Die besten Erfolge werden erfahrungsgemäß durch alkalisch-salinische Mineralwässer, namentlich Glaubersalzwässer, ausgeübt. Man kann ihre Wirkung nicht nur nach der direkt berechenbaren Kalorienmehrverwertung einschätzen. Diese mag nicht sehr groß sein. Aber schon die Entlastung des Magendarmkanals durch die mechanische Reinigung bei längerem Gebrauch, die Herabsetzung der Darmfäulnis, die Änderung der Blutverteilung in den Eingeweiden bringen für jene Fettleibigen, deren dicker Leib eine ständige Quelle von Beschwerden und unangenehmen Gefühlen ist, eine außerordentliche Befreiung mit sich. Sie fühlen sich rasch wie neugeboren, jugendlicher, kräftiger, und wagen schon deshalb intensivere

Körpertätigkeit, die dem Fettabbau weiterhin Förderung bringt. Die Wässer werden nüchtern getrunken; der Appetit wird dadurch verringert, Enthaltung von überflüssiger Nahrung infolgedessen erleichtert. Die Gewichtsabnahme, die bei einer 4—6wöchigen Mineralwasserkur rund 10—15 kg beträgt, ist durchaus reell einzuschätzen, als durch Fettverlust bedingt, nicht nur durch Wasserentzug. Denn die Wässer sollen zwar die Darmtätigkeit fördern, aber nicht zu krankhaften wässerigen Durchfällen führen. Der Eiweißbestand des Körpers darf nicht angegriffen werden.

Die Trinkkuren eignen sich also hauptsächlich für die plethorische Form der Fettleibigkeit. Für die mit Blutarmut einhergehende anämische Form bilden sie nicht selten eine große Anstrengung; die Erhöhung der Darmtätigkeit greift sie sehr an, sie werden schlaff und matt, fühlen sich unbehaglich. Es muß hier Abhilfe geschaffen werden, indem entweder nur kleine Mengen des Glaubersalzwassers genommen werden oder indem ein Brunnen getrunken wird, der weniger darmanregend und angreifend wirkt. Zweckmäßig erweist sich auch die Verabreichung einer eisenhaltigen Quelle, weil Eisen ein wichtiger Bestandteil der Blutbildung ist.

Von den glaubersalzhaltigen, kohlensäurereichen Wässern sind am bekanntesten Marienbad, Karlsbad, Tarasp-Schuls, Neuenahr, Mergentheim. Bei geringeren Graden von Fettleibigkeit ist auch eine der zahlreichen Kochsalzquellen am Platz, so Kissingen, Homburg, Wiesbaden. Die Wirkung der schwächeren Wässer von Franzensbad, Elster usw. erweist sich bei anämischen Formen von Fettsucht als geeignet, da sie gleichzeitig Eisen enthalten. Aber auch in Marienbad usw gibt es eisenhaltige Wässer, die Eisenmangel im Blut ausgleichen können. Sehr vorsichtig muß man mit dem Gebrauch von Jodwässern zu Entfettungszwecken sein, zumal dann, wenn Neigung zu Übertätigkeit der Schilddrüse besteht (Kropfbildung, Basedowsche Krankheit). Marienbad hat schon immer als Dorado der Wohlbeleibten gegolten. Ein solcher Ruf eines Kurortes ist sicher begründet, auch wenn nicht im einzelnen physiologisch nachgewiesen werden kann, warum und wieviel er zur Entfettung beiträgt. Die Glaubersalzwässer sind in mäßigen Mengen auch dann geeignet, wenn Fettauflagerung und einlagerung in Herz und Leber die Tätigkeit dieser Organe erschweren. Stauungen in den Gefäßen des Unterleibes und seiner Eingeweide werden oft dort auffallend rasch gebessert. Ebenso sind Kochsalzquellen in nicht zu starker Anwendung bei derartigen Nebenerscheinungen der Fettleibigkeit, die subjektiv allerdings als Hauptbeschwerden erscheinen können, angezeigt.

Es gibt auch Gegenanzeigen gegen den Gebrauch der Mineralwasserkuren bei Fettleibigkeit. So gibt es Kranke, bei denen die Glaubersalzwässer nicht darmanregend wirken; bei ihnen wird nicht die richtige Wirkung erzielt. Auch gewisse Magenerkrankungen sind nicht geeignet zur Durchführung einer solchen Trinkkur. Überhaupt hat der Arzt bei Verordnung der Mineralwasserkuren das erste und letzte Wort zu sprechen. Ganz verfehlt ist es, durch willkürliche Steigerung der verordneten Wassermengen eine raschere Wirkung herbeiführen zu wollen. Ernstliche Schwächung und Erkrankung, namentlich des Darmes, kann die Folge sein. Die vorgeschriebene Menge muß genau eingehalten werden: eine Trinkkur ist und bleibt eine eingreifende Maßnahme, die wie jede andere Medizin in bestimmter Dosierung zu nehmen ist.

Gleichzeitig mit den Trinkkuren lassen sich Badekuren durchführen. Es können dazu Sol(= Kochsalz)bäder, Kohlensäurebäder, Moorbäder, Stahlbäder, Eisenmoorbäder, jodhaltige Bäder, bei Innehaltung aller Vorsichtsmaßregeln auch Dampfbäder benützt werden. Manchen Bädern wird Soda zugesetzt, was als besonders entfettend betrachtet wird. Die Folge ist aber nur stärkere Reizung der Haut, Erweiterung der Gefäße und dadurch eine etwas größere Wärmeabgabe, die sich als kleiner Kalorienmehrverbrauch deuten läßt.

Von Interesse ist es, wie sich ein Tag in Marienbad bei einem Fettleibigen, der die Kur gebraucht, abspielt. Kisch gibt ein genaues Beispiel dafür, das sinngemäß auf andere Bäder und andere Verhältnisse zu übertragen ist. Es handelt sich um einen Kranken mit der plethorischen Form der Fettleibigkeit.

Morgens 5—6 Uhr: Trinken von 3—4 Gläsern Kreuz- oder Ferdinandsbrunnen (Glaubersalzwasser) in Pausen von 15—20 Minuten, dann eine 1—2 Stunden dauernde Promenade durch den Wald, dann zum Frühstück 1 Tasse Kaffee oder Tee (je nach Gewohnheit des Kranken) mit Zusatz von 1 Eßlöffel Milch ohne Zucker, 50 g Zwieback, der weder süß noch fett sein darf, 25—50 g kaltes mageres Fleisch oder mageren, von Fett sorgfältig befreiten Schinken. Keine Butter! Kein zweites Frühstück.

Um 10—11 Uhr vormittags ein Marienquellbad mit Zusatz von 2—3 kg Soda, 32° C warm und von 15 Minuten Dauer mit nachfolgender kalter Regendusche dann 1 Stunde Spazierengehen; hierauf Trinken von 1 Glas Waldquelle mit Zusatz von Zitronensaft.

Bei vollkommen gesundem, kräftigem Herzen und Mangel jedes Zeichens von Arteriosklerose zweimal in der Woche ein Dampfbad mit nachfolgender kalter Abreibung.

Mittags gegen 1—2 Uhr: eine Tasse dünner, nicht fetter Fleischbrühsuppe, ohne Zusatz von Graupen, Sago, Brot u. dgl., 150—200 g gebratenes, nicht fettes Fleisch ohne Sauce, etwas leichtes Gemüse, Spinat, Kohl, Blumenkohl, 25 g Weißbrot. Streng verboten ist der Genuß von Gänse-, Enten- und Schweinefleisch, von Karpfen-, Lachs, Häringen, Mehlspeisen, Kartoffeln, Butter, Käse, süßem Kompott, Creme, Gefrorenem.

Als Getränke ist gestattet 1—2 Glas (nach Gewohnheit), sogar eine halbe Flasche guten Weines, kein Bier, kein Champagner, kein Likör.

Nachmittags: Promenade von 3 Stunden Dauer, dann 1 Tasse Kaffee oder Tee ohne Zucker und Milch. Um 6 Uhr nachmittags: 1 Glas Kreuz- oder Ferdinandsbrunnen.

Abends: gegen 7—8 Uhr 100—120 g gebratenes Fleisch, kalten Braten oder mageren Schinken, 15—20 g Brot. Nach dem Essen einstündiger Spaziergang.

Vor dem Schlafengehen kalte Waschung des Körpers.

Der Schlaf darf nicht länger als 7 Stunden dauern.

Bei der anämischen Form der Fettleibigkeit werden daneben der eisenhaltige Ambrosiusbrunnen gegeben, eine eiweißreichere Kost verordnet und Stahl- und Moorbäder genommen. Die Mineralwässer sollen die Darmtätigkeit nur mäßig, die Harnabsonderung dagegen stark anregen.

Eine derartig zweckmäßig geleitete, 4—6 Wochen fortgesetzte Kur (Trinkkur + Badekur + Diät) brachte eine wesentliche Fettentziehung (durchschnittlich 4—12 kg) ohne Schwächung des Körpers zustande.

Man sieht, es ist eine Kur, die den ganzen Tag in Anspruch nimmt, und das soll ja bei einem Kurbedürftigen auch der Fall sein. Natürlich spielt auch bei diesem Kurschema die Kost eine ganz wesentliche Rolle. Das ist eben — leider, werden manche Patienten sagen — immer das A und O jeglicher Entfettungskur. „Man kann das Fett wegarbeiten oder weghungern, man kann es aber nicht wegschwitzen", sagt v. Noorden. Die in Kurorten bei Fettleibigen angewandte Ernährungsweise entspricht im allgemeinen einer Entfettungskur II. Stufe. Sehr bequem ist es, daß die Restaurants auf die Notwendigkeiten der vorgeschriebenen Ernährungsart eingestellt sind. Die Steigerung der körperlichen Bewegung ist schon durch die vorgeschriebenen Spaziergänge beträchtlich. Das Augenmerk der Patienten ist auf Befolgung der Kurmaßnahmen gerichtet, es besteht zum Teil eine Art Wettstreit um den raschesten Erfolg unter ihnen, und diese seelische Einstellung kommt der genauen Durchführung der notwendigen Maßnahmen sehr zu statten. Die Triebfeder des Wettbewerbes ist hier in richtiger Weise den körperlichen Notwendigkeiten dienstbar gemacht. Schöne Kuranlagen, gute Luft und sehenswerte Umgebung benimmt den verordneten Spaziergängen einen großen Teil der ihnen andernfalls vielleicht anhaftenden Langeweile. Auch sonst ist für die Seele und den wünschenswerten Optimismus allerhand geboten: der besorgte Ankömmling findet meistens noch wohlbeleibtere Personen als er selbst ist, er hört von glänzenden Kurerfolgen und sieht die Ergebnisse wohl auch persönlich vor sich, und alles das steigert den Willen zum Schlankwerden, läßt über gewisse Unbequemlichkeiten hoffnungsfreudiger hinweggehen. Subjektiv ist daher das Leben in einem Kurort bei einsichtigen Patienten oft vorzuziehen, während objektiv die Durchführung einer Entfettungskur in einem Sanatorium noch sicherere Erfolge zeitigen mag.

Kein Zweifel, daß auch häusliche Trinkkuren mit den geeigneten Wässern oder Salzen gute Erfolge haben können. Voraussetzung dabei ist freilich, daß auch die sonstige Lebensweise dem kurgemäßen Leben in einem Heilbad angeglichen ist.

An die Trink- und Badekuren werden häufig noch Nachkuren angeschlossen, um vor dem Übergang in das Berufsleben die teilweise doch recht beträchtlichen Anstrengungen der Trinkkur etwas abklingen zu lassen. Je nach dem Gesundheitszustand, oder auch nach den persönlichen Wünschen ist Mittelgebirge mit Waldgegend, Hochgebirge oder Seeklima für eine Nachkur vorzuziehen. Es ist notwendig, nicht alsbald die beschränkte Kost gänzlich aufzugeben und nun mit gutem Gewissen darauflos zu sündigen.

Auch bei der Nachkur müssen die erlernten Ernährungs- und Bewegungsgrundsätze weitergeführt werden, sonst ist noch vor Rückkehr in das Berufsleben das alte Körpergewicht und ein sehr schlechtes Gewissen wieder da.

13. Arzneiliche Behandlung.

Das Ideal aller Fettleibigen wäre es, ruhig weiteressen zu dürfen, was ihnen schmeckt, ungestört Körperübungen und Bewegung vermeiden zu dürfen, und nur von Zeit zu Zeit oder auch jeden Tag eine Pille einzunehmen, die das Gewicht in den gewünschten Bahnen bleiben läßt. Glücklicherweise ist das nicht der Fall; denn die Überlastung des Körpers mit zuviel Nahrung, die zu geringe Bewegung sind nicht nur Ursache des Dickwerdens, sondern auch anderer bedeutender Körperschädigungen; wenn die Behandlung der Fettleibigkeit ihnen Einhalt tut, dann wird dem Körper gleichzeitig anderweitiger Vorteil gebracht. Aber mit dieser Idee rechnen die zahlreichen Hersteller und Vertreiber von Mitteln, die den Anpreisungen nach ohne jede sonstige Lebensänderung das Fett wegblasen wie ein Hauch des Mundes eine Feder von der Hand. Mit bestaunenswert leichtem Sinn werden da Dinge versprochen, die von vornherein unmöglich erscheinen. Die Mittel wechseln begreiflicherweise sehr rasch: jedes kann nur eine gewisse Zeit aufgeblasen werden, ehe die Erkenntnis seiner Nichtigkeit es zum Platzen bringt, und dann muß für neuen Anreiz auf die Leichtgläubigkeit der hilfesuchenden Fettleibigen gesorgt werden.

Die wirklich wirksame arzneiliche Behandlung der Fettleibigkeit und Fettsucht ist hauptsächlich durch v. Noorden genau erforscht worden. Die endogene Fettsucht ist sehr häufig durch Störungen im Stoffwechsel der Schilddrüse oder in anderen innersekretorischen Drüsen auf dem Umweg über die Schilddrüse hervorgerufen. Nahrungsbeschränkung und Bewegungssteigerung, Trinkkuren und Bademaßnahmen nützen in derartigen Fällen wenig oder gar nichts. Die wirklich gewissenhaften Kranken halten die vorgeschriebenen Entfettungskuren II. und III. Stufe mit Energie durch, aber sie kommen nicht weiter und sehen keinen Gewichtsverlust. Das sind jene Menschen, die ständig dicker werden, obwohl sie in der Tat ungewöhnlich wenig essen (im Gegensatz zu jenen, die sich das Wenigessen nur einbilden). Die Erfolglosigkeit der angewandten, in ihrer Dauer schwächenden Maßnahmen macht die Patienten mutlos und läßt sie an jeder Besserung schließlich verzweifeln. Und doch ist in solchen Fällen eine ursächliche Behandlungsart möglich und angezeigt, indem der ungenügend sezernierenden Schilddrüse durch Gaben von Schilddrüsensubstanz nachgeholfen wird. Durch die Schilddrüsenpräparate wird eine Steigerung des darniederliegenden Stoffumsatzes hervorgerufen, die Verbrennungen werden gesteigert.

Bei exogener Fettleibigkeit ist die Schilddrüsenbehandlung nicht am Platz. Man hat früher eine Zeitlang wahllos alle Fälle von Fettleibigkeit und Fettsucht mit Schilddrüsenpräparaten behandelt, und dabei nach anfänglicher Begeisterung eine große Enttäuschung erlebt. Die schädlichen

Eigenschaften der Behandlung mit Schilddrüsengaben traten bei ihrer unüberlegten Anwendung in den Vordergrund: Herzstörungen, Aufregungszustände, Zittern an allen Gliedern, Abmagerung auf Kosten des Eiweißbestandes, Schlaflosigkeit usw. Dadurch wurde die Behandlungsart als Gegenwirkung in Mißkredit gebracht, und erst später erkannte man, daß es auf die richtige Auswahl der mit Schilddrüsenpräparaten zu behandelnden Kranken komme, und daß insbesondere die gewöhnliche Mastfettleibigkeit oder die durch zu geringe Muskelbewegung entstandene kein geeigneter Boden für ihre Anwendung sei. Häufig versagen Schilddrüsenpräparate bei exogener Fettleibigkeit, während sie bei endogener Fettsucht ausgezeichnet wirken. In anderen exogenen Fällen wirken sie nur entwässernd, nicht entfettend, was gleichbedeutend mit einem rasch vorübergehenden Erfolg ist. Wo eine Kombination von exogener und endogener Fettleibigkeit besteht, ist verständlicherweise von einer Verbindung von Diätkur, Körperbewegung und Schilddrüsenkur der beste Erfolg zu erwarten.

Derartige Kuren dürfen nur unter steter ärztlicher Aufsicht erfolgen. Es werden nach Bedarf mehrmals im Jahr einige Wochen (6—7) die Schilddrüsenpräparate genommen. Auch nach Überwindung der Fettsucht werden zeitweilig wieder kleinere Schilddrüsengaben genommen, um Vorsorge gegen etwaige Zunahme zu treffen. Am meisten werden die Schilddrüsentabletten von Merck oder von Burroughs verwandt, auch die Thyreoglobulintabletten und andere ähnliche Präparate. Sie werden in bestimmter Dosierung verschrieben (z. B. fünftägige Perioden von 4—3—2—1—0 Tabletten zu 0,3 g, dann wieder Beginn mit der höchsten Dosis).

Die Ernährung während der Schilddrüsenkur darf nicht allzu herabgemindert sein, sie muß namentlich reichlich Eiweiß enthalten, reichlicher als sonst, um der Gefahr eines Eiweißverlustes im Körper von vornherein zu begegnen. Wenn gleichzeitig mit den Schilddrüsentabletten strengste Entfettungskost gegeben wird und womöglich gar noch Dampfbäder usw. genommen werden, so treten leicht die beschriebenen unangenehmen Folgen einer Schilddrüsenbehandlung stark auf, und das ist gerade das, was vermieden werden soll. Absolut zu widerraten ist von der Anwendung eines so eingreifenden Mittels ohne genaue ärztliche Beobachtung. Die in den Apotheken und Drogerien verkauften Entfettungsmittel, Geheimmittel usw. enthalten sehr häufig Schilddrüsensubstanz, auch wenn sie es ausdrücklich verneinen; die Folge ihrer Einnahme ist oft eine höchst bedenkliche Erschütterung des Gesundheitszustandes. Namentlich fettleibige Personen, deren Herz oder Gefäßsystem nicht ganz in Ordnung ist, sind schon kleinen Gaben der Schilddrüsenmittel gegenüber sehr empfindlich. Zuweilen veranlassen übermäßige oder unrichtig angewandte Gaben von Schilddrüsenstoff das Auftreten von Zucker im Harn; in solchen Fällen ist das Mittel abzusetzen, außer wenn es sich um ganz vorübergehende Zuckerausscheidung handelt.

v. Noorden macht darauf aufmerksam, daß bei fettleibigen alten Personen und bei jugendlichen Personen mit endogener Fettsucht, bei denen, wie früher erwähnt, starke Nahrungsentziehung nicht am Platz ist, eine richtig begründete und sorgsam durchgeführte Schilddrüsenkur kräfteschonender ist als weitegehende Nahrungsbeschränkung. Der letzteren stehen gerade wegen etwaiger Körpereiweißverluste bei alten Leuten schwere Bedenken gegenüber. Einer vorsichtigen Schilddrüsenkur ist auch sonst das gesunde Herz alter Personen gewachsen.

Um Fettsucht, die mutmaßlich aus anderen Störungen der inneren Sekretion entspringt, zu bekämpfen, hat man neuerdings andere Organpräparate verwandt, so insbesondere Eierstock- und Hypophysenpräparate. Wenn sie auch zum Teil andere Ausfallserscheinungen, insbesondere nervöser Natur, günstig beeinflussen, so kommt ihnen doch der eigentlichen Fettsucht und Fettleibigkeit gegenüber nach den bisherigen Erfahrungen keine spezifisch entfettende Wirkung zu. Bei Fettsucht nach Verlust der Keimdrüsen (Hoden) hat sich, wie bereits früher erwähnt, operative Hodenüberpflanzung als ursächliches Heilmittel erwiesen: die Störung der inneren Sekretion wurde dadurch im wesentlichen wieder ausgeglichen.

Im Wesen den Schilddrüsenpräparaten verwandt ist das Jod, das ja ein Bestandteil des von der Schilddrüse erzeugten Inkretes ist. Es ist aber in seiner Wirkung viel unübersichtlicher als die Schilddrüsenpräparate, führt leichter zu Schädigungen und Eiweißverlusten, und darf deshalb nur mit äußerster Vorsicht zur Anwendung gelangen. Weitere Medikamente enthalten Borsäure, Atropin, Palladium usw.; sie haben sich alle nicht gehalten.

Auch mit Quecksilberpräparaten sucht man, zum Teil in Form von Einspritzungen ins Gewebe, eine Entwässerung des Körpers und damit Abnahme hochgradigen Gewichtsüberschusses bei Fettsucht herbeizuführen. Neuerdings wird auch von teilweise erfolgreichen Versuchen mit Milcheinspritzungen (Proteinkörperbehandlung) berichtet.

Es ist anzunehmen, daß die meisten derartigen Mittel aus der Behandlung der Fettleibigkeit wieder verschwinden werden und durch neue ersetzt werden. In früheren Zeiten hat man Blutentziehungen, Aderlässe, Blutegel usw. verwandt, ohne damit der Fettleibigkeit erfolgreich begegnen zu können, ebenso stark wirkende Abführmittel. Mit dem Gebrauch von Abführmitteln zur Entfettung ist man sehr zurückhaltend geworden. sie können allerdings Abmagerung herbeiführen durch Wasser- und schließlich auch Fettverlust, aber die Patienten werden durch eine solche Methode erst eigentlich zu Kranken gemacht, werden schwach und elend, bekommen schwere Darmkatarrhe und Magenstörungen, und mit dem Fett wird auch der Eiweißbestand des Körpers angegriffen. Das ist also keine Methode, die Anwendung finden sollte; sie treibt den Teufel mit Beelzebub aus. Gegen die zeitweise Unterstützung einer Entfettungskur durch Darreichung eines Abführmittels ist dagegen in geeigneten Fällen nichts einzuwenden.

Andere Mittel, die früher zur Anwendung kamen, waren Liquor potassae, Fucus vesiculosus (jodhaltig), Essig, dann speziell harntreibende Mittel, Chinarinde. Brillat-Savarin riet, während eines Monates jeden zweiten Tag um 7 Uhr morgens, wenigstens 2 Stunden vor dem Frühstück, ein Glas guten weißen Weins, in dem ein Kaffeelöffel voll gepulverter roter Chinarinde aufgelöst ist, die Fettleibigen trinken zu lassen. Alle diese Dinge sind verschwunden, und auch die jetzt üblichen derartigen Medikamente und Geheimmittel werden wieder versinken, da sie nicht von greifbaren physiologischen Unterlagen aus ihre Wirkung ausüben.

Vor zwei Jahrhunderten wurde einmal geraten, gegen starke Fettleibigkeit alle Abende bei Schlafengehen „ein Lot von gemeiner Castilianischer Seife in etwas weniger als einem halben Schoppen frischen Wassers, aufgelöst" zu sich zu nehmen. Dadurch würde das normale Körpergewicht wieder erreicht. Diese Kur ging von der Ansicht aus, daß die Seife das Fett auflöse und gewissermaßen wegschwemme. In Wirklichkeit dürfte aber durch den fortgesetzten Seifengenuß eine heftige Magenerkrankung erfolgt sein, die eine erhebliche Einschränkung der Nahrungszufuhr im Gefolge hatte, also einer Entfettungsdiät II. oder III. Stufe entsprach. Unzer, der damals diese Kur begutachtete, schrieb ihr als einer unbegründeten Modegeburt kein langes Leben zu, zumal sie der Magen nicht vertrug. Er glaubte, „daß es mit dieser Kur eben so gehen werde, wie mit dem Schierlingsextrakte in Paris, wovon man, auf die ersten Nachrichten des Herrn Störks aus Wien, in einem Sommer fast allen Vorrath verbrauchte, der in Paris war, im folgenden Frühjahr aber nicht mehr zu wissen schien, daß eine solche Artzney in der Welt wäre." Medikamente sind eben genau in gleicher Weise der Mode unterworfen wie Kleider oder die Bestrebungen, schlank oder füllig zu sein.

14. Operative Behandlung.

Von einer operativen Entfernung des überschüssigen Fettes wird man sich nichts erhoffen dürfen. Der Gedanke, um schlanker zu erscheinen, Fett aus Teilen des Leibes herausschneiden zu lassen, sollte an und für sich zu abscheulich sein, um ernstlich gedacht zu werden oder gar zur Ausführung zu gelangen. Aber es gibt nichts, was menschliche Eitelkeit und menschlicher Übermut nicht schon versucht hätte. Kisch berichtet von einem Pariser Chirurgen, der zu Beginn des 18. Jahrhunderts lebte und von dem überliefert ist, er habe eine sehr bekannte Persönlichkeit auf operativem Wege von ihrem Fettbauch befreit. Die Menge von Fett, die er aus dem Unterleib herausschnitt, soll über 4 kg betragen haben. Ebstein erwähnt nach einer schriftlichen Mitteilung de Lagardes von einem anderen chirurgisch behandelten Fall von hochgradiger Fettleibigkeit. Ein deutscher Herzog ließ sich von einem in Oberitalien lebenden Arzt, um magerer zu werden, das Fett ausschneiden — und starb an dieser Operation.

Den Bestrebungen, durch operative Ausschälung des Fettes aus der Haut rasch magerer zu werden, wird dadurch Einhalt geboten, daß kosmetische Wünsche zu solchem Verlangen anregen, daß aber die Narbenbildung nach derartigen Eingriffen ein kosmetisch befriedigendes Ergebnis nicht zuläßt. Die zuweilen ausgeübte operative Entfernung des übermäßigen Fettes einer weiblichen Brust heilt schwer und vor allem bleiben durch die angelegten Schnitte große sichtbare Narben zurück, die kosmetisch noch weniger zufriedenstellen als die ursprüngliche Fettanhäufung. Wo derartige Operationen infolge Vorhandensein eines Krankheitsherdes notwendig werden, muß man sich in das Notwendige fügen. Es ist aber ein großes Unrecht, aus kosmetischen Gründen allein einen solchen, immerhin gesundheitlich nicht gleichgültigen Eingriff zu riskieren. Auch bei fortgeschrittenster Technik ist eine Operation nie ohne zwingende Notwendigkeit zu unternehmen.

Manche Fettbäuche machen ihrem Besitzer große Beschwerden: sie hängen gleich einem Schurz vor den Oberschenkeln herab und behindern ihn beim Gehen, Sitzen und Liegen in gleicher Weise. Binden und Halter helfen oft nur ungenügend. Auch bei Entfettungskuren schwindet das in dieser Hauttasche enthaltene Fett nicht, und auf jeden Fall bildet sich die allmählich entstandene Hautverdoppelung nicht zurück. Hier kann eine Operation angezeigt sein, die auch nicht mehr ganz selten ausgeführt wird: in Narkose wird am Unterbauch ein großes, doppelkeilförmiges Hautstück mit der darunterliegenden Fettschicht herausgeschnitten, die Wundränder dann vernäht. Die entfernten Stücke können 2—5 kg und mehr wiegen.

Derartige Operationen treffen freilich nicht die Ursache der Fettleibigkeit. Etwas anderes ist es bei Operationen, die mit Beseitigung der Ursache gleichzeitig die Fettleibigkeit mindern. So hat man bei Fettsucht, die infolge einer Geschwulst (Tumor) der Hypophyse entstanden ist, mit Erfolg schon den Tumor entfernt und dadurch weiterhin auch die Fettsucht zum Schwinden gebracht. Auch Versuche, die Hypophysengeschwulst durch Beeinflussung mit Röntgenbestrahlung zu verkleinern und dadurch ursächlich auf die Fettsucht einzuwirken, wurden gemacht. Eindeutige Ergebnisse sind aber damit bisher nicht erzielt worden.

15. Schlußbemerkungen.

In einem Roman des amerikanischen Schriftstellers Upton Sinclair kommt Christus, „der Zimmermann“, wieder auf die Erde und gerät mit den Erscheinungsformen der modernen Zivilisation in Berührung. Er kommt dabei auch in ein Haus, dessen Bestimmung zunächst unerklärlich erscheint. Es ist ein Ort, an dem sich täglich eine Anzahl von Frauen zusammenfinden, um die größten Foltern über sich ergehen zu lassen: Schönheitssalon der Madame Planchet. Dort werden gealterte Frauen wieder jung gemacht, junge energisch verschönt, durch Massage und Elektrizität, Fettentzug, Gewichtsverminderung, Haarbearbeitung usw. Schon im Vorraum dieses Ortes der Qual wird man durch ein lautes Stöhnen aus den Folterkammern aufmerksam gemacht, auf das, was bevorsteht.

Eine genaue Schilderung läßt ersehen, wie bei einer höchst umfangreichen Dame zum Schluß ihrer Schönheitskur „Dauerwellen“ aus den spärlichen Haarresten gemacht werden. „Vor uns ragte etwas empor, das ich bloß ein Gebirge aus rotem Frauenfleisch nennen kann. Dieses Fleischgebirge war anscheinend ursprünglich von gestickter Seidenwäsche bedeckt gewesen, doch war diese nun völlig durchnäßt, und durchsichtig, wie Seidenpapier. Aus den Poren des Fleischgebirges floß Schweiß. Kleine Schweißbäche vereinigten sich zu Strömen, liefen das Gebirge entlang, mündeten im Schweißmeer auf dem Boden. Anscheinend vermögen der Hitze aus gesetzte Fleischberge nicht aus eigener Kraft aufrecht zu bleiben, versuchen zu schmelzen und flach zu werden, deshalb war es notwendig, die Masse zu stützen, was von drei Angestellten des Schönheitssalons besorgt wurde; zwei hielten die Frau unter den Armen, die dritte hielt das Kinn fest. Etwa alle 30 Sekunden stöhnte das Fleischgebirge auf: „O-o-o-oh!“ Dann brach es zusammen; es schien, als ob ein Bergrutsch drohe, und die lebenden Karyatiden hielten sich nur mit Mühe aufrecht.“

Um etwas schöner und frischer zu sein, um an Unfang zu verlieren, um ein wenig jugendlicher auszusehen, nehmen diese Frauen eine unerhörte Tortur auf sich, die von der Besitzerin des Schönheitssalons euphemistisch „der Gottesdienst des jungen Gottes der Schönheit“ genannt wird, aber in Wirklichkeit weder mit Schönheit noch insbesondere Gesundheit (das ist Jugend) etwas zu tun hat. Es handelt sich nicht um Übertreibungen eines phantasiereichen Schriftstellers, denn nüchterne Berichte aus Amerika melden in der Zeit der schlanken, knabenhaften Mode das gleiche. Auch dort werden die Schönheitssalons, in denen die Frauen im Schweiße ihres Angesichtes um einige Gramm Gewichtsabnahme kämpfen, als wahre Folterkammern bezeichnet. Mit Clownkünsten, Jonglieren mit Bällen, Stehen auf dem Kopf usw. wird in extravaganter Weise für die nötige Bewegung gesorgt. Nicht für jeden Beruf ist das so vorteilhaft wie für die Inhaberinnen von Schönheitssalons. So klagen die Restaurateure in jener Zeit, daß die nach Schlankheit strebende Frauenwelt ihren Ruin bedeute. „Früher gab eine Dame für ein Frühstück zu zwei Personen 8 Dollar aus und heute zahlt sie 80 Cent; sie nimmt nur Eislimonade und Zigaretten."

Richtiges und Falsches, Lobenswertes und lächerlich Übertriebenes wird in solcher Lebensart zu einem unlösbaren Konglomerat vermengt. Auch die Übertreibungen sind von der Suche nach dem Richtigen hervorgerufen, aber die künstlich und unnötig ausgestandenen Qualen entstehen aus dem Nichtwissen um den richtigen Weg. „Diese Törinnen werden ja nicht dazu gezwungen; es ist ihre freie Wahl", sagt ein kritischer Beurteiler des Schönheitssalons bei Sinclair.

Freie Wahl besteht aber nur insofern, als das Wissen um das vorhanden ist, was gewählt werden kann. Dieses Buch will zeigen, daß es natürliche und gesundheitsfördernde Wege zum Schlankbleiben und Schlankwerden, zur Verhütung und Behandlung von Fettleibigkeit und Fettsucht gibt. Sie müssen gegangen werden, und nicht irgendwelche Mätzchen gemacht, die nach viel aussehen, aber keinen wertvollen Kern enthalten und nur der Gesundheit Schaden bringen. Ist aber einmal der richtige Weg erkannt, so muß er unter sachverständiger Leitung mit unbeirrter Energie und unter Verzicht auf verblüffende Scheinerfolge stetig und gleichmäßig gegangen werden. Dann ist sicher zu erwarten, daß das erstrebte Ziel froh und gesund erreicht wird.

Benützte und zitierte Literatur.

Abderhalden, E., Synthese der Zellbausteine in Pflanze und Tier. Berlin 1912. — *Broden* und *Wolpert*, Respiratorische Arbeitsversuche bei wechselnder Luftfeuchtigkeit an einer fetten Versuchsperson. Arch. f. Hyg. 39, S. 298. 1901. — *Crampton*, bei *Schweisheimer*, Individuelle Leibesübungen. Kosmos 1924. S. 291. — *Crane-Frank* (New York), Lob der Dicken. Übersetzt v. *Max Hayek*. — *Czerny*, bei *Feer*, Lehrbuch der Kinderheilkunde. 1911. — *Ebstein, Wilhelm*, Die Fettleibigkeit und ihre Behandlung. Wiesbaden 1884. — *Feer*, Lehrbuch der Kinderheilkunde. 1911. — *Fletcher, H.*, Die Eßsucht und ihre Bekämpfung. 1911. — *Graefe, C. F.*, Fall einer lebensgefährlichen, glücklich geheilten Fettsucht. 1826. Wieder mitgeteilt von *Schuchardt*. — *Günther, Hans*, Die Lipomatosis und ihre klinischen Formen. Jena 1920. — *Heiduschka*, Öle und Fette in der Ernährung. Berlin 1923. — *Holländer, E.*, Wunder, Wundergeburt und Wundergestalt. 1921. — *Hufeland*, Makrobiotik. 1796. — *Isaac, S.*, Über Wesen und Behandlung der Fettsucht. Leipzig 1924. — *Kestner, O.* und *Knipping, H. W.*, Die Ernährung des Menschen. 1924. — *Kisch, H.*, Die Fettleibigkeit. 1888. — *Kolb*, Die Fettleibigkeit und ihre Behandlung. 1923. — *Kraus-Brugsch*, Spezielle Pathologie und Therapie innerer Krankheiten. I. 1919. *Brugsch*, Fettsucht. — *Krehl*, Pathologische Physiologie. 1910. — *Kretschmer*, Körperbau und Charakter. 1922. — *Loewy* und *Richter*; *Lüthje* bei *Krehl*. Pathologische Physiologie. 1910. — *Müller, L. R.*, Über die Altersschätzung bei Menschen. 1922. — *v. Noorden*, Die Fettsucht. In *Nothnagels* Spezielle Pathologie und Therapie. Bd. 7. — *Derselbe*, Über Fettleibigkeit und ihre Behandlung. Therap. Monatshefte 1915. S. 16. — *v. Noorden-Salomon*, Handbuch der Ernährungslehre. I. 1920. — *Oeder, G.*, Über die Brauchbarkeit der „proportionellen" Körperlänge als Maßstab für die Berechnung des Körpergewichts erwachsener Menschen bei normalem Ernährungszustand. Med. Klinik 1909. S. 461. — *Oppenheimer, C.*, Biochemie. Leipzig 1922. — *Plaut, R.* bei *Isaac*, a. a. O. — *Roemheld, L.*, Zur Kritik der modernen elektrischen Entfettungskuren. Münch. med. Wochenschr. 1913. Heft 52. — *Rubner*, Beiträge zur Ernährung im Knabenalter mit besonderer Berücksichtigung der Fettsucht. 1902. — *Schattenfroh*. Respirationsversuche an einer fetten Versuchsperson. Arch. f. Hyg. 38. S. 93. 1900. — *Schweisheimer, W.*, Das Herz und die Blutgefäße. Ein Wegweiser zur richtigen Lebensführung für gesunde und kranke Menschen. 1923. — *Derselbe*, Individuelle Leibesübungen. Kosmos 1924. S. 291. — *Derselbe*, Es ist möglich ein hohes Alter zu erreichen. Komos 1925. S. 69. — *Shakespeare*, Julius Cäsar — König Heinrich der Vierte, I. Teil. — *Stadelmann*, Berl. klin. Wochenschrift 1901. Zit. bei *Rubner*, a. a. O. — *Strauß, H.*, Diätbehandlung innerer Krankheiten. 1908. — *Strümpell*, Die abnorme Fettleibigkeit. In: Spezielle Pathologie u. Therapie. Bd. II. — *Thimich*, bei *Feer*, Lehrbuch der Kinderheilkunde 1911. — *Unzer*, Der Arzt. Eine med. Wochensch. 1760. — *Vierordt, H.*, Anatomische, physiologische und physikalische Daten und Tabellen. 1906.

Sach- und Namenregister.

MANULDRUCK VON F. ULLMANN G. M. B. H., ZWICKAU SA.